U0162143

探秘 两栖爬行动物

赵锷 | 著

中国林業出版社

《探秘两栖爬行动物》一书的问世，给我国动物科普图书宝库又增添了一部令人耳目一新的作品。

两栖爬行动物，俗称“两爬”，是两栖动物与爬行动物的合称。不过，它们其实是两个完全不同的动物类群。

两栖动物是脊椎动物征服陆地环境的先驱，但它们对陆地环境的适应还不完善，特别是繁殖时行体外受精，必须产卵于水中，胚胎要经过一个变态阶段才能发育为能在陆地生活的成体；爬行动物是最早具有羊膜卵的动物，从而在繁殖和幼体发育的过程中彻底摆脱了对外界水环境的依赖，成体的身体结构更加适应于陆栖生活，它们也成为真正的陆地征服者，并揭开了此后脊椎动物在陆地上大发展的新篇章。

之所以把两栖动物和爬行动物并称两爬，我觉得主要有两个因素。一是它们都属于“低等”的变温脊椎动物，在演化上有相对较近的亲缘关系；二是它们的种类都相对较少，两个类群的内容加在一起往往恰好适合一本书的体量。此外，由于两爬大多外形奇异，行动诡秘，在科普书中将它们放在一起，则又兼顾了在传统文化中人们对这些冷血、恐怖、神秘动物或喜或厌却又充满好奇的复杂感情。事实上，两爬不仅在动物演化历程中占有重要的地位，而且在维持生态平衡方面也起着举足轻重的作用。因此，针对两爬的科普工作极为重要，但毋庸讳言，有关这两个动物类群的科普图书时下并不多见，而赵锷先生的这部新作正好填补了这方面的缺憾。

对于很多人来说，爱好和事业常常难以平衡。幸运的是，本书作者的经历虽然略显曲折，但他最终成为了一名出色的野生动物摄影师，并且从事着一个平凡而重要的职业——野生动物保护工作。对于自然的探索，是一件永远不会疲惫的事情，也是一件永远都有新鲜感的事情。大自然总会有意想不到的东西在等着你。我想，这也是他从事野外拍摄和进行科普创作的热情之所在。

“科普就是讲科学的故事，科学地讲故事。”不同于一般图书的说教形式，作者是通过叙述自己探寻和拍摄两爬的经历，生动而自然地将大树蛙的繁殖、雨蛙多变的鸣唱、西藏齿突蟾的性逆转、捷蜥蜴的求偶、中国小头蛇的假死、虎斑颈槽蛇的拟态、中国钝头蛇取食蜗牛……一系列奇特的科学知识娓娓道来。这些通俗而生动的文字叙述，可谓高潮迭起、华彩不断，引领着读者走进书中每一种两栖爬行动物的隐秘生活，去欣赏，去品味。

大量精彩的图片也是这本书的一大亮点。作为野生动物摄影师，作者实地拍摄的这些精美图片难能可贵，令人叹为观止。这些图片与行文关系密切，可以说是相互依存、相互映照，真正做到了图文并茂，极大地满足了人们对两爬的好奇心。

与其他动物类群相比，两爬拍摄的难度更高。一是需要在或崎岖或泥泞的地带去跋涉、去寻觅，还有很多镜头需要趴在水坑里用水下相机拍摄；二是它们数量稀少，行动隐秘，野外不容易见到，并且一些物种的个体比较小，如姬蛙的体长仅有 2 厘米左右。此外，拍摄它们有时还是一项相当危险的工作。在作者自序《感受生命的力量》的开头，他就讲述了自己拍摄舟山眼镜蛇的奇特经历，令人不寒而栗。其实，他能够在与毒蛇的对峙中拍摄成功，与其说是胆大心细，毋宁说更多是源自他从小对大自然的热爱和亲近，以至于迷恋战胜了恐惧。

野生动物摄影师的工作枯燥而辛苦，历尽艰辛却一无所获的情况司空见惯，不可能每次都能按计划实现目标，唯有超乎寻常的热爱，才能一直坚持下来。幸运的是，浙江是赵锷的家乡，这里不仅在远古时代就是“恐龙之乡”，现在也是众多两爬栖息的家园，特别是拥有安吉小鲵、义乌小鲵、镇海棘螈等特有物种，为赵锷的创作提供了丰富的源泉。

在这本书中还有充满忧虑的呼唤。两爬在其漫长的演化历程中，几经浩劫，仍然在自然界占有一席之地。但是在人类社会发展的今天，由于栖息地退化或丧失、过度利用、疾病、污染、气候变化、生物入侵等原因，它们已经濒临万劫不复的境地。两爬既是捕食者又是猎物，在食物链中扮演着重要的角色，每一个物种的灭绝都会产生连锁效应。

一直以来，由于缺乏“明星”物种，两爬受到的关注度不高，它们的保护工作也缺少足够的重视。值得庆幸的是，在 2021 年 2 月 5 日颁布的调整后的《国家重点保护野生动物名录》中，这两个类群的国家重点保护野生动物物种较原《名录》都有较大程度的增加和保护级别的提升，其中就包括本书中介绍的安吉小鲵、义乌小鲵、平胸龟、黄喉拟水龟、黄缘闭壳龟、东方沙蟒等物种，以及由二级提升为一级的镇海棘螈。

《探秘两栖爬行动物》是一部充满情趣的科普作品，集中展示了两栖爬行动物神奇、浪漫的一面，让读者能够在轻松的阅读中，了解和认识这些野生动物，增强保护自然、爱护动物的自觉性，提高生态环境保护的责任感和使命感。为了野生动物的明天，我们期待赵锷不断有新的作品问世。

李湘涛

2022 年 8 月

李湘涛，北京自然博物馆研究员，出版著作 40 余部，其中科普图书 30 余部，发表论文 60 多篇，设计陈列展览 20 多个，在野生动植物保护和科普方面作出突出贡献。曾获中国科学院科技进步二等奖、中国科技馆发展基金创业奖、中国出版政府奖提名奖等多项荣誉。

感受生命的力量

舟山眼镜蛇的脖子迅速膨胀起来，竖立起来的身子伴随着沉重的呼气声，声音大得吓人，它的颈兜正面对着我，我往左，它就偏左，我往右，它就偏右。我试探着往前突然靠近，它就把身子不断地向后倒去，但是头部和脖子以下的身子却绷成了一个如满弓的弧度，不错，它准备攻击了。巨大的恐惧有时候反而促使我冷静下来，我慢慢趴下身子，降低自己的高度，让自己显得不具有攻击性，它的身子明显松弛下来，我小心翼翼地按着相机快门，只是那一刻，我的手里满是汗水，但它的完美姿态越发让我迷恋。

恐惧和迷恋常常是我内心对两栖爬行动物的最真实写照，每一次在野外遇见它们，迷恋总是轻而易举地战胜恐惧，让我能够全身心投入到对它们的拍摄中。持续记录身边的两栖爬行动物，通过观察、拍摄等方式所呈现、反映出来的行为、现象和数据，非常有趣，而且也很有意义，可以为喜欢探索两栖爬行动物的人们指引一二，为科学研究及政策制定提供有价值的信息。

我的人生看起来很独特，从小在绍兴这座充满人文气息的古城长大，少时厌学，却极爱自然，大学毕业后成为刑警，又辗转进了“林家铺子”（林业系统），成了一名野生动物保护工作者。我拿起了相机，记录着身边的野生动物。我希望成为一位有影响力的摄影师，同时也希望成为一名与众不同的野生动物科普人士。当没有足够的时间去寻找和拍摄野生动物时，挫折感在不断地折磨我的内心，我甚至一度想辞掉体制内的工作去做一名职业野生动物摄影师。然而现实与梦想并不是绝对矛盾的，在工作和爱好的共同磨砺下，我逐渐知道了自己想要做什么。对于一名野生动物摄影师来说，野生动物的拍摄，是他全部的工作；但对我而言，拍摄只是其中的一项工作，我同时还承担着野生动物管理、救护、执法、宣传任务，做好这些工作所带来的成就感和满足感，也是无比巨大的。

每一次拍摄都让我更加敬畏自然。尤其是那些和我们共同生活的两栖爬行动物，它们以精妙绝伦的伪装策略、神奇无比的捕食技巧和水陆两栖的生存方式让我惊叹。它们是重要的环境指示物种，反馈着生态环境和人类活动的变化。关注和保护我们身边的两栖爬行动物，意义深远。《探秘两栖爬行动物》是对两栖爬行动物的致敬,是我在野外观察、拍摄两栖爬行动物十年的总结。

我和中国林业出版社的刘香瑞编辑，结识于编写《杭州湾湿地鸟类》一书，刘编辑认真负责的工作态度，给我留下了深刻的印象。当她和我约稿时，我欣然答应。撰文期间，琐事缠身，几度搁笔，也曾因各种原因让我萎靡不振，书稿一拖再拖。幸好刘编辑始终支持、鼓励着我，而我十年来在荒野间的记忆，对野生动物的热爱和保护它们的使命感，最终指引着我，让我坚定了成书的梦想。

我致力于成为一名真正的野生动物摄影师，成为一名出色的野生动物保护工作者。朋友们，不管您喜欢还是害怕两栖爬行动物，当您翻开本书时，我将带您走进一个神奇的世界，感受生命的力量。

赵　锷

2022 年 2 月

目录

蛙声四季

尾随一生

龟驮甲行

四足游龙

蛇之魅影

蛙声四季

诡秘的发声者
——斑腿泛树蛙

夏季入夜，树林里，各种昆虫在鸣唱。旁边池塘里，弹琴蛙也在有节奏地叫唤。

我这次带的是今年* 第一批进行野外调查实习的学生，他们都是生物学相关专业的，所以白天我们相谈甚欢，没完没了地聊各种鸟 、哺乳动物、昆虫等，并说好晚上带他们去探索一下两栖爬行动物。走进夜晚的森林之前，我特地叮嘱了安全问题，问他们怕不怕。手电光下，一张张年轻的脸上都是大无畏的神情。

数支电筒在暗夜中乱晃，森林里的萤火虫被吓得都躲了起来。我自然是走在最前面带路，沿着小溪流旁的古道一路慢慢行走，途中发现了很多有趣的物种：镇海林蛙、小弧斑姬蛙、泽陆蛙，还有体型巨大的中华大蟾蜍。路遇一条中国钝头蛇，我让学生们克服恐惧，都用手摸了它的身体，并告诉他们这种蛇可是专吃蜗牛的。

告别中国钝头蛇，我们走到了溪流尽头，刚准备从边上右拐进入

* 2016 年。

另一条小道，四周忽然响起类似石块打击的声音，“咔哒、咔哒”，此起彼伏，似乎有很多只动物在用这种诡秘的声音相互联络。我自然知道这是什么发出的声音，学生们却很新奇，停下脚步一起讨论起来这究竟是哪种动物发出的声音。我决定考考他们，就提示了他们一下，告诉他们这是某种蛙类发出的叫声。

一听是蛙类，学生们讨论总结后得出的结果是石蛙，即棘胸蛙，理由是声响如同石块敲击，定名的时候名字中肯定带“石”这个字。我一听，这也太想当然了吧！于是，我公布了答案——斑腿泛树蛙。什么？树蛙？这叫声怎么会是树蛙的声音啊！我让学生们循声去找，果然找到了斑腿泛树蛙。于是我给他们讲起这种最常见的树蛙。

斑腿泛树蛙分布广泛，适应性很强，属于广布物种。它的体色会随着环境或光线的变化而变化，它的指和趾都有吸盘，可以在树枝等物体表面吸附爬行。斑腿泛树蛙的叫声确实不同于其他的蛙类，非常具有辨识度。而棘胸蛙，因为它总是喜欢夜晚在乱石溪流的石头上趴着叫唤，所以某些地区把它叫作石蛙。

大眼萌娃——斑腿泛树蛙

斑腿泛树蛙生境

斑腿泛树蛙背面特写

我还告诉学生们，经过很多科学研究者调查发现，浙江分布的斑腿泛树蛙其实都是布氏泛树蛙，浙江并没有斑腿泛树蛙。但是由于之前的调查都将布氏泛树蛙当作斑腿泛树蛙，并在《浙江省重点保护陆生野生动物名录》(1998 年版和 2016 年版）中公布，所以，我们在野外调查时还是把这些蛙叫作斑腿泛树蛙，利于基层野生动物保护工作者的辨别、保护和宣传。

聊完斑腿泛树蛙，我们继续在森林里用手中的电筒探寻着两栖爬行动物。忽然，我发现自己的斜肩包上趴着一只斑腿泛树蛙，它昂起头注视着我这个闯入它们世界的庞然大物。我想，它是想告诉我们人类，请带着它们世世代代一起走下去。而我们，也确实可以做得到。

泡沫之夏

——大树蛙

第一次见到颜值极高的大树蛙，是一次去杭州午潮山夜拍。当时在一处小水塘旁边发现了一只大树蛙，身上的那种碧绿，让我感叹大自然造物主的神奇。大树蛙的体型很大，我怀疑它是否能够爬到高高的树上。于是我将大树蛙放到树枝上，等待片刻后，它居然飞快地往树枝顶部爬去，那速度绝对不亚于一只树蜥的攀爬速度。

之后在野外，我和大树蛙数次相遇。有一次在杭州天目山国家级自然保护区考察两栖爬行动物的活动中，我不仅看到了雄蛙，也看到了雌蛙，它们正在抱对交配。大树蛙个体之大，令我咋舌，雄性大树蛙只比我手掌略小一点（我可是个一米八二的大汉哦），而雌蛙比雄蛙还大。抱对可是个技术活，需要抱得稳、准、快，不然会被其他雄蛙所代替。为了繁衍自己的下一代，雄蛙得使出浑身解数。有时候竞争者一多，数只雄蛙抱得太用力，会导致雌蛙无法动弹，如果这时候在水里，雌蛙无法呼吸就会发生溺水而亡的悲剧，而雄蛙则会浮出水面逃离，另觅新欢。

那么抱对交配的过程是怎样的呢？夏季繁殖期，雄蛙开始鸣叫，吸引召唤雌蛙，等到雄蛙找到雌蛙后，就会用前肢抱住雌蛙并蹲伏在

大树蛙抱对

其背上，之后雌蛙带着雄蛙寻找产卵的地方，一般会选择树上、树干、池塘边,甚至排水沟等水域的上方去产卵。爬到产卵地点后,雌蛙产卵,雄蛙排出精液，使卵受精，雄蛙用后肢不断搅拌卵团，形成泡沫状的卵泡团。有时雄蛙还会用叶片去包卷卵泡团，不过大多数时候，雄蛙会在交配结束后离开，雌蛙也会在恢复体力后离开，之后这些卵泡团就听天由命了。雌蛙产卵后，肚子会变小很多。

大树蛙卵泡团

它们产出的挂在水域上方的一团团“泡沫”会在一段时间里发生变化，当然是卵泡内的蛙卵发育后变为蝌蚪，然后在泡沫水或雨水的作用下掉入下方水域，之后继续发育成长。但有时候个别大树蛙的产卵地点选择失误，蝌蚪并没有落入水域，这些大树蛙后代就被大自然“回收”了。至于那些在水域上方的卵泡中的大树蛙蝌蚪也不是全部会成活，有些会被水域生物或者昆虫吃掉，例如螺、蠼螋（qú sōu）等。至于成功进入水域的大树蛙蝌蚪也不是高枕无忧，它们要面对的是大自然很多物种的捕食，也要面对区域环境的极端变化。所以每一只上岸营陆栖的大树蛙都是自然界的佼佼者，当然陆地上等待它们的仍然是一条艰难之路。

夏天的山林中，团团白色的泡沫在树上迎风摆动，这是大树蛙的泡沫之夏——繁殖之夏。

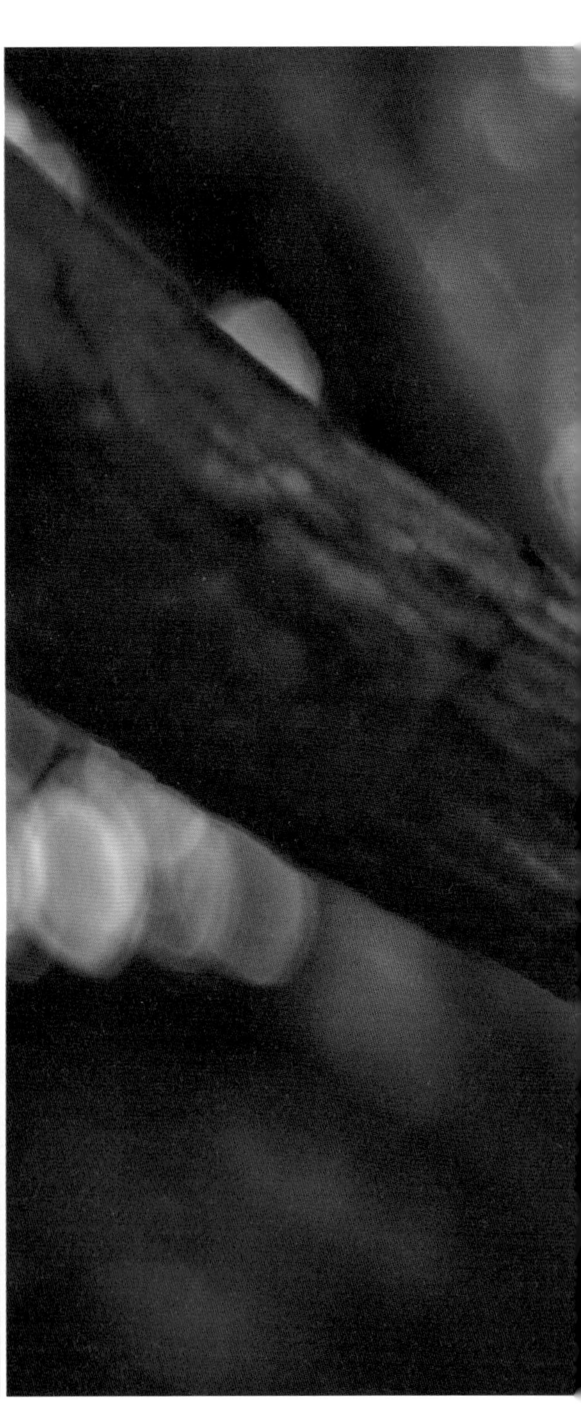

高大松树枝条上的大树蛙卵泡

雄性大树蛙

迟来的发现
——丽水树蛙

我的老家在嵊州竹溪乡，这是个风景优美、物种丰富的生态之乡。我自幼便随父母去了绍兴生活，偶尔得空也会回老家看望亲戚，一年也不过两三回。直到近来老宅翻新，住宿条件有了改善，我便时常在双休日领着孩子回去度夏避暑。

2017 年夏天的一个晚上，我准备出门夜拍，在老宅外面荷花缸的荷叶上，发现停着一只绿色的蛙，便和父亲讨论起它以前是否在这里出现过。父亲说，这种蛙在他小时候就有，这边的村民一直叫它“上树田鸡”。

我小心翼翼地将这只蛙抓住，查看了它的外形特点，排除了在绍兴分布的几种雨蛙、树蛙，最后想到了几个月前在《动物学杂志》上发表的一个树蛙新种——丽水树蛙。我翻看比对着它的外形特征，感觉很像丽水树蛙。于是我马上联系了研究两栖爬行动物的青年学者王聿凡，他是丽水树蛙的发表作者之一，他应该可以判断这只蛙到底是不是丽水树蛙。

王聿凡说仅从形态学及生境上来分析，这个蛙和丽水树蛙略有区

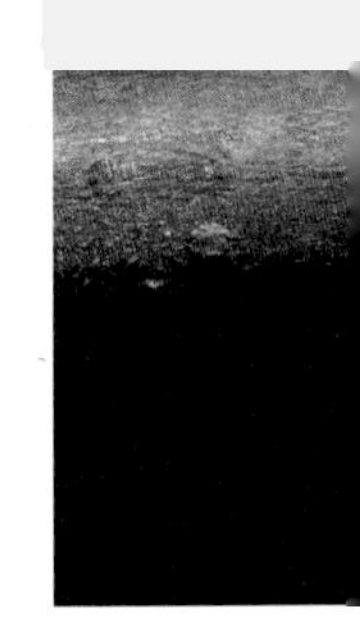

别，有可能是一个新种树蛙。在盖棺定论之前，王聿凡的结论让我很忐忑，这种蛙难道真的是一种新的树蛙？

夏季要在野外找树蛙，找到的概率非常小。于是我和王聿凡约定2018 年 3 月，在竹溪乡附近寻找这种蛙的其他个体，因为繁殖季节树蛙会发出叫声，利于寻找和采集样本。而这只蛙的生物样本，也送去做物种分子的科学比对了。

丽水树蛙

时间过得很快，2018 年的春季，我和王聿凡约定的时间到了，田野里已是蛙声一片。我们寻了很久，才找到了泥土洞穴中的树蛙，果然叫声、行为特征都和丽水树蛙很符合，只是在分布的海拔上，和之前发表描述的丽水树蛙完全不一样，在竹溪乡找到这种蛙的海拔是在 600 米左右，而之前描述的分布海拔是 700 米至 1100 米。竹溪乡的这种蛙分布密度很大，也略区别于丽水。但在对这种蛙形态特征、行为特点及生境等数据综合分析后，它是丽水树蛙的可能性更加大了，不过我们还是再次送检了几只蛙的生物样本，以求得到更多分子比对的数据，得出科学准确的判断。

一个月后，最终的结果出来了，这种蛙确实是丽水树蛙。我悬着的心也放下了。虽然它不是一种新的蛙类，但它是在绍兴区域内发现的，它不仅是绍兴两栖动物新记录，也是绍兴发现的第三种树蛙（另外两种是大树蛙、斑腿泛树蛙）。它的发现改变了关于丽水树蛙海拔分布范围的描述，并增加了丽水树蛙的分布点（除模式产地* 丽水莲都外，嵊州竹溪也分布有丽水树蛙）。

当然，我也会觉得很可惜。如果我发现这只蛙的时间更提前一点，那么这种在我父亲小时候就已在嵊州竹溪存在着的蛙类，它的名字将不会是“丽水树蛙”，而是“嵊州树蛙”。可惜历史、科学的进程中没有“如果”这两个字。

丽水树蛙在树枝上爬动

* 模式产地即模式标本产地，是指用来对物种定名的原始标本产地。

不同光线下，丽水树蛙呈现不同体色

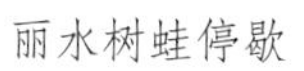

丽水树蛙停歇

树枝上的丽水树蛙

刮目相看
——中华蟾蜍和黑眶蟾蜍

童年时，癞蛤蟆对于我来说，是一种让人厌恶的生物。长辈曾对我说：癞蛤蟆可是有毒的，身上的颗粒会分泌毒液，而且它还会撒有毒的尿，浇到你的眼睛里，你就变成瞎子了。这样的言语让我整个童年对癞蛤蟆都很害怕，唯恐避之不及，有时候也会跟在胆大的小伙伴身后，用石块、树枝去打癞蛤蟆。

少年时，看了金庸的武侠小说《射雕英雄传》，对书中的武侠人物“西毒”欧阳锋印象最深，他使用的是歹毒的蛤蟆功，我想这么邪恶的武功果然是从邪恶的癞蛤蟆身上得来的，加之童年的固有印象，我对癞蛤蟆更加厌恶了。

直到成年后，我开始研究和拍摄两栖爬行动物，才得以了解到身边这个“邪恶”物种的科学知识，了解到属于它的独特行为。

癞蛤蟆其实是一种俗称，它指的是两栖动物中无尾目蟾蜍科的物种，我们浙江最常见的两种是中华蟾蜍和黑眶蟾蜍，但两种隶属不同属，中华蟾蜍是蟾蜍属，黑眶蟾蜍是头棱蟾属。

中华蟾蜍和黑眶蟾蜍在野外数量都巨大，各种生境，如草丛、树

中华蟾蜍

黑眶蟾蜍

林、竹林、土坡、湿地、水塘……都有它们的行踪，它们可以适应干旱的环境，生命力非常顽强。中华蟾蜍和黑眶蟾蜍虽然长得很像，但是区别也非常明显。首先是身体特征上，黑眶蟾蜍自吻部开始有黑色骨质脊棱，一直沿眼鼻腺延伸至上眼睑并直达鼓膜上方，形成一个黑色的眼眶，故命名为黑眶蟾蜍；其他的外形特征，不细分的话和中华蟾蜍没有什么区别。其次，两种蟾蜍的分布各有特点，有学者研究发现黑眶蟾蜍的分布最北至武夷山一带。举个例子，比如在我的家乡绍兴，只分布有中华蟾蜍，黑眶蟾蜍一只也没有见过。再次，两个物种还有个很有意思的区别，黑眶蟾蜍的蹲姿比中华蟾蜍要好看，前肢撑地，昂着脑袋，威武漂亮，而中华蟾蜍蹲姿偏低。最后，两者的繁殖时间明显不一样，中华蟾蜍一般在 1 月就陆续开始抱对繁殖，3 月左右繁殖完毕，幼体已经上岸了，而黑眶蟾蜍的繁殖才刚刚开始。

中华蟾蜍和黑眶蟾蜍体色多变，体型悬殊。它们的尿液其实是无毒的，真正有毒的是它们体表或者耳后腺分泌的乳状液体，这种毒液不进入伤口不会使人中毒，但是能对其天敌起到很好的防御作用，因此很多蛇类都不会轻易去捕捉吞食蟾蜍，除了不惧怕毒液的虎斑颈槽蛇和舟山眼镜蛇。

这些毒液虽然是蟾蜍的御敌武器，但是也给它们带来杀身之祸，因为它们最大的天敌不是蛇，而是人类。它们的毒液被人类提取作为中药蟾酥，只是它们的分布广、种群数量巨大、繁殖能力极强，在人类大肆捕捉下还没有遭受灭顶之灾。目前，这两种蟾蜍被列入国家“三有”保护动物名录*，林草部门加大了对蟾蜍野生种群的保护力度，因私自捕捉蟾蜍而被依法刑事处罚的案例也不在少数，这些例子时刻提醒着人们正确认识这些蟾蜍的保护地位，合理保护它们在野外的生存空间。

一般来说，蛇是蛙的天敌，其实在某些体型对比悬殊的个体相遇时，天敌的角色就会反转，体型大的中华蟾蜍可以妥妥地把体型小的蛇类吃掉。它的大嘴和强有力的舌头，让一些小蛇根本没有反抗的余

体型巨大的中华蟾蜍

* “三有”保护动物名录指《国家保护的有益的或者有重要经济、科学研究价值的陆生野生动物名录》。目前，国家林业和草原局正在组织调整“三有”名录。

黑眶蟾蜍求偶交配（雄蛙小雌蛙大）

地，甚至在野外，有人还目睹过中华蟾蜍一口吃掉小型五步蛇的场景，这应该是对它独特“蛤蟆功”的最好诠释吧！

看了周星驰的电影《功夫》中梁小龙令人捧腹的“蛤蟆功”后，再加上对蟾蜍独特行为的了解，我对它们再也厌恶不起来了。如果你也很厌恶它们，那就多去野外观察它们吧！野外的自然观察一定会让你对癞蛤蟆们刮目相看哦！

臭味相投
——臭蛙属

之前在浙江，我在野外最常碰见一种蛙，当时误以为是花臭蛙，不过 2010 年有学者通过与产地模式的花臭蛙以及花臭蛙的两个新隐种南江臭蛙和黄冈臭蛙进行比较，发现存在明显的差异后鉴定为新的蛙种，命名为天目臭蛙，浙江分布的基本都是天目臭蛙。此后，我开始留意起臭蛙属的蛙。

分布在浙江的臭蛙属蛙种，我统计了一下有天目臭蛙、大绿臭蛙、凹耳臭蛙和小竹叶蛙四种，虽然中国两栖类网站在花臭蛙的地理分布中也写了浙江，但是直到现在我还没在野外拍到过花臭蛙，暂且等待专家进一步的科学研究吧!

那么我们来看看臭蛙属的这些蛙，它们怎么会与臭有关? 又怎么会臭味相投?

臭蛙虽然知名度不是很高，但是这个家族成员可不少，据中国两栖类网站统计，我国共有 38 种臭蛙属的蛙。

臭蛙一般来说体型中等，雌性普遍比雄性大，比如说天目臭蛙，雌性是雄性的 1.75 倍。不过不管是雌性还是雄性,身体都布满了疣粒,

大绿臭蛙

皮肤显得粗糙，一旦受到威胁，它们的皮肤就会分泌出一种极其难闻的液体，这时候皮肤会变得非常光滑，并且这种液体的味道如同化学武器一般，让猎捕它的人或者动物都无法忍受，靠这个特异功能，臭蛙们往往可以避免受到大多数猎食者的侵害。

天目臭蛙

天目臭蛙抱对

凹耳臭蛙

除了臭蛙属普遍具有的特点外，我再来讲讲这四种分布在浙江的臭蛙各自的特点。

大绿臭蛙分泌的黏液非常有刺激性，不仅味道让人闻起来不舒服，而且如果你的手上有伤口，那么接触到这些黏液就会有明显的刺痛感。而天目臭蛙的黏液相对要好得多，我甚至感觉不出难闻，并且它的黏液好像对我手上的伤口也没造成什么威胁，只是有一次我把天目臭蛙与秉志肥螈放在一个水瓶里时，发现它们都死掉了，也许它们各自分泌的黏液将对方杀死了。凹耳臭蛙的黏液似乎和天目臭蛙一样，对人类影响不大，只是凹耳臭蛙的叫声非常特别，如同蝙蝠一样发出“吱”的叫声，很多时候你会忽略掉它的叫声，以为是一种蝙蝠、鸟或者昆虫在鸣叫。有科学家研究得出，凹耳臭蛙是一种能利用超声波定位通信的蛙类。小竹叶蛙的黏液则毒性特别厉害，亦能如天目臭蛙一样杀死其他种类的两栖动物。此外，小竹叶蛙的体色多变，个体颜色不一，有时候带绿色的个体会被误认为是大绿臭蛙。

小竹叶蛙雌蛙

臭蛙属的这些蛙虽然会分泌出难闻的液体，惹人讨厌，但是这个臭并不是说它们生活在脏乱差的环境里。刚好相反，事实上有臭蛙属分布的地方，往往环境相当好，它们是环境的指示物种。虽然它们的环境适应能力也不弱，但是生态环境不好、人为活动影响比较大的区域，它们是不会来繁衍生息的。所以某个地方如果有这些蛙，那环境肯定是相当不错的哦！

小竹叶蛙雄蛙

迷你歌王

——姬蛙属

夏季的夜晚，经常会听到群蛙的大合唱，但是你如果想靠近了去仔细观察，往往无功而返。只闻其声，久寻不见，沮丧而回时，脚旁会忽然蹦起一个“小泥块”，蹦进旁边的水里一下子就不见了，这会让你疑惑是不小心用脚踢起的泥土块。这样的情况我经常在野外碰到，“泥土块”其实是非常有特色的一种蛙，属于姬蛙科姬蛙属，是保护色极好的蛙类，在我们绍兴分布有三种，分别是：饰纹姬蛙、小弧斑姬蛙、北仑姬蛙。

这些蛙的名字中都有个“姬”字，为啥这个“姬”字会出现在蛙的名字里呢？而且姬蛙还有单独的科和属，说明这里面大有来历。我特意去查了“姬”这个字的含义，除去对妇女的美称、古代称妾、姓、美女等八竿子打不着的意思，其中两个解释引起了我的注意。一个解释是姬指水名，相传黄帝所居，《国语·晋语》：“黄帝以姬水成、炎帝以姜水成。”意思就是说黄帝在姬水边出生，故姬为水名。另一个解释是歌女的意思。这两个解释似乎和姬蛙的名字有关联。

首先，姬蛙平时并不生活在水里，它栖息在一些陆地的泥洞、草

丛等生境，虽然离水源近，但至少是陆栖生活，不过它们在下雨天非常活跃，会抓住时机去水塘、水池、田间及一些雨后积水坑进行繁殖，抱对交配后产卵于水中，这些卵为了生存也拼命加快发育孵化，据说能在一到两天内就孵化完成。于是“姬”字就很形象地说明了这种蛙是在水里出生并繁殖。其次，“姬”字又可以解释为歌女，姬蛙在繁殖期间求偶，特别是雨后，可选择的繁殖地方就多了起来，雄性的姬

饰纹姬蛙

小弧斑姬蛙

蛙会在水边的落叶下、草丛里、泥水里集群鸣叫，这样的大合唱可以持续很久。它的身体虽然不大，但是小小的身体里却蕴藏着巨大的能量，雄性的声囊非常给力，通过肺部挤压空气后把声囊膨胀，声音通过声带震动、声囊共振后发出巨大的鸣叫声，宛若一名高音歌手。所以它名字里的“姬”字恰如其分地表现出姬蛙的鸣唱能力非常出众，封它们为“迷你歌王”再合适不过了。这些鸣叫声其实和其他蛙类吸引异性一样，雌性可以通过声音来判断雄性的身体状态。

绍兴分布的三种姬蛙里，饰纹姬蛙和小弧斑姬蛙很常见，夏天在野外听见的蛙叫十有八九是它们，这也显示出它们在野外的数量之多，怎么区别它们呢？饰纹姬蛙的背部图案比较好认，背部有 2~4 条黄色的“∧”形斑，中间有深色的“屰”形大斑纹，多数有长着疣粒的中脊线。而小弧斑姬蛙的背部图案更加好认，它配色朴素大方，身上只有少许斑纹，背部有一条中脊线，线的前段一般都有一对黑色括号状的弧形斑纹对称镶嵌着，这是它的主要特征，也是得名的由来。不过在野外也会发现没有黑色括号状的小弧斑姬蛙，这只是个体差异，千万不要以为发现了什么新的姬蛙。

还有一种北仑姬蛙，它是2019年在绍兴秦望山发现的。北仑姬蛙是2018年科学研究者发表的新种。后来发现原先浙江范围内的合征姬蛙其实全部都是北仑姬蛙。事实上目前浙江范围内是没有合征姬蛙的。北仑姬蛙的背部图案有点花里胡哨，难以描述，集合了饰纹姬蛙和小弧斑姬蛙的各种特点，这一特点很符合作为它“前身”合征姬蛙的特点，用“合征”（集合各种特征之意）两字命名就是此意。但是目前我们已经把它命名为北仑姬蛙，北仑是它的模式产地。

姬蛙体型很小，只有2厘米左右，头更小，这和它的食性有关，它喜欢吃蚊类，小小的头更适合它去捕捉蚊类。如果您在野外遇见它们，可不要以为它们是某些蛙的幼体哦！

北仑姬蛙

农田功臣
——黑斑侧褶蛙和金线侧褶蛙

要说我们人类最熟悉的蛙，莫过于青蛙了，但青蛙是个笼统的称谓，老百姓口中所说的青蛙包括很多种蛙类，诸如中国雨蛙、阔褶水蛙、镇海林蛙、弹琴蛙、泽陆蛙等。但是对我们这些和野生动物打交道比较多的人来说，青蛙指的黑斑侧褶蛙或金线侧褶蛙。

黑斑侧褶蛙

黑斑侧褶蛙吹泡泡

这两种蛙都是蛙科侧褶蛙属的蛙类，我们来认识一下它们吧！

黑斑侧褶蛙，体型大，体色多变，体间夹杂有黑色、绿色、灰色等各种颜色，较多个体有背部中线，中线两侧有黑斑，腹部白色，鼓膜明显，最明显的是身体两侧各有一条隆起的皱褶，所谓“背侧褶”，故名“侧褶蛙”。黑斑侧褶蛙的背侧褶相对较细，黑斑加上背侧褶，故叫作“黑斑侧褶蛙”。黑斑侧褶蛙生活在河流、公园湿地、池塘、稻田等地方，喜晚上活动觅食，捕食对农业有害的昆虫，有时也取食一些小鱼小虾、蜗牛田螺等。因对农业有益，所以提倡保护，我们绍兴的老百姓都亲切地称呼它为“青蛙田鸡”。

金线侧褶蛙，体型也大，身体主要呈青绿色，背部也有一条浅绿色的背中线，身体两侧也各有一条隆起的背侧褶，背侧褶粗大，颜色为黄褐色、绿色或白色，颇似金色的线，所以得名“金线侧褶蛙”，金线侧褶蛙的颜值比黑斑侧褶蛙要高得多，也符合我心目中“青蛙”的定位。金线侧褶蛙喜欢出没在池塘、稻田等场所，食性与黑斑侧褶蛙颇为相似，但白天晚上都会活动觅食，故食量要远大于黑斑侧褶蛙，也是农田害虫杀手。

两种蛙因为是同属的物种，且生境、食性和行为特点都有点相似，所以一般的老百姓分不清这两种蛙，把它们统称为青蛙。两者可以从

以下几方面进行区别：一是两种蛙虽然都喜欢稻田，但金线侧褶蛙比黑斑侧褶蛙更喜欢池塘等水生植物多的生境；二是金线侧褶蛙白天也会活动，而黑斑侧褶蛙白天很少活动；三是金线侧褶蛙的侧褶线颜色和粗细与黑斑侧褶蛙的有明显区别；四是金线侧褶蛙在繁殖季节的叫声是低弱且短促的“叽叽”声，而黑斑侧褶蛙会发出响亮的“呱呱”声。

这两种蛙在夏季都很活跃，取食繁殖，到了秋冬季节，就开始蛰伏了。等到翌年春天再出来活动。两种蛙对农业生产起到了很大的作用，所以一直被人们当作是有益的野生动物榜样，辛弃疾的“稻花香里说丰年，听取蛙声一片”便是对它们最高的赞誉。

前些年，由于栖息地的丧失、外来物种（如牛蛙）的入侵、非法捕捞、工业污染，以及除草剂、农药的滥用，两种娃的处境一度堪忧。近年来，以国家公园为主体的自然保护地体系的建立，对野生动植物的保护发挥了重要作用，金线侧褶蛙和黑斑侧褶蛙的野外数量也在不断恢复增长。

金线侧褶蛙

狗污田鸡

——泽陆蛙

小时候一到暑假，我就会回到嵊州老家，农村里好玩的东西可多了，用蜘蛛网做成网罩捉蜻蜓，弹弓打鸟，去田里抓泥鳅、黄鳝，在溪沟里翻石头捉溪蟹，等等。其中印象最深刻的是“钓青蛙”。

钓青蛙，就是先去田里捉一只“狗污田鸡”，将它弄死，把其一条腿绑在钓鱼线上，然后再拴在长棍子或长竹竿上，这样工具就算准备好了。钓青蛙与钓鱼不同,你必须要不停地提拉钓线,让钓饵一直动，甚至还可以在田里看见青蛙后，慢慢把饵移动至它面前来抖动，青蛙会跳过来一口把饵咬住或吞进肚子里，这时候你只管拉线，然后就钓到一只青蛙了。之后，你可以把饵从青蛙嘴里拿出来，反复使用，一两个小时便可以钓到满满一竹筐各种蛙。那时候我和表哥经常会去田野里钓，钓的蛙类虽多，但是大的青蛙不是很多，倒是体型很小并不适合人食用的狗污田鸡蛮多的，所以我们把钓来的狗污田鸡给鸡、鸭等家禽吃，青蛙就自己吃。那时候大家的野生动物保护意识不强，只知道钓青蛙是老一辈传下来的手法。原先我不知道这种狗污田鸡到底是什么蛙类，只是感觉它们在野外真的太多了。直到我开始拍摄野生

泽陆蛙的颜色和它的生存环境非常相似

动物，才知道它们是泽陆蛙。

泽陆蛙是一种分布非常广泛的蛙类，在我国，除了宁夏、内蒙古、新疆和东三省没有外，其余各省份都有分布，且很常见。由于泽陆蛙分布广泛，栖息环境也各有不同，加上种群数量巨大，所以它们的身体颜色也很丰富，但大致以灰、黄、绿三色为基调，很多背上有一条中线，中线粗细不一，颜色不一；有些还没有中线。这给人们在

体色多变的泽陆蛙

野外识别它们出了难题。不过泽陆蛙有很明显的一个特征：斑马纹。泽陆蛙的上下嘴唇处都有一条条深色的竖纹，看起来就像是斑马纹一样，这就是分辨泽陆蛙最便捷有效的特征。

泽陆蛙因为经常在田间地头活动且擅于鸣叫，数量又多，所以被老百姓称为“田鸡”。至于为啥叫“狗污田鸡”真的不可考，我想大概是因为它的身体颜色多为灰色，体型又小，如同狗屎一样（绍兴方言中，“狗污”意为“狗屎”）。为了验证这个猜想，我去了一些村子询问一些年纪大的村民，他们的看法和我大致相仿。

当然，随着生态环境保护在基层的宣传落实，钓青蛙的习俗已成为历史。

鸣叫的泽陆蛙，背上还有中线

泽陆蛙的蹲姿

抱对的泽陆蛙

演奏家
——弹琴蛙

夏季的夜晚，我行走在野外，最喜欢听群蛙齐鸣，只有这蛙声阵阵，才能让我彻底放松下来。然而在我小时候，暑假住在乡下，没有空调、电扇，闷热加上屋外蛙声此起彼伏，晚上难以入眠，因此对这蛙声没有好感，甚至是厌恶。如今长年在野外工作，接触、拍摄各种动物，其中不乏蛙类，于是也渐渐喜欢上了蛙鸣，多少个孤身一人的夜晚，有蛙声相伴，足以驱散我内心的不安，正如绍兴老乡陆游《春日绝句》中所言“旧厌蛙声今喜听”。

所有蛙声中，我最喜欢的是弹琴蛙的鸣声，弹琴蛙被称为“演奏家”乃实至名归。

夏季是各种蛙求偶的季节，其中弹琴蛙的叫声最有特点，“给、给、给”，一听就知道是它在鸣唱。雄性弹琴蛙在田间地头、山林湿地里高低错落地鸣叫着。雄蛙的叫声多，说明求偶季节竞争对手也多，有些雄蛙会用抢先鸣叫或者连续鸣叫来凸显自己与众不同，从而吸引异性；有些雄蛙则通过节奏的不同、音调的高低等来显示自己的“多才多艺”，期待能赢得异性芳心；有些雄蛙还趴在水里，鸣叫时鸣囊鼓动，

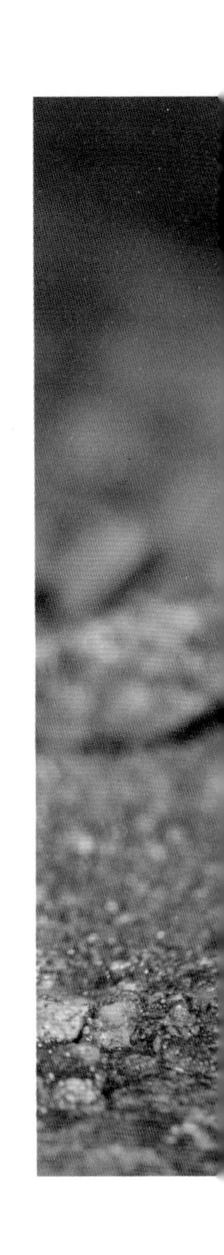

激起水波荡漾，让异性感受到自己的力量，从而抱得“美人”归。我曾在某科普杂志中看到过关于弹琴蛙叫声的文章，里面说到过一个很有趣的关于巢穴内鸣叫的现象，科学家通过声音实验，得出了一个结论：超过 70% 的雌性弹琴蛙更喜欢在巢穴内鸣叫的雄性弹琴蛙。这就更说明雄性弹琴蛙在巢穴内鸣叫并不是为了躲避天敌而进行的安全性措施，而是为自己的“征婚”增加筹码。叫声在自己巢穴回荡，然后传到外面，雌性听到后就能判断出巢穴的深度和入口大小，满意的

弹琴蛙

弹琴蛙鸣唱

话，就会去找雄蛙进行配对。所以说雌性弹琴蛙找对象，也有“房子”这个刚需啊！

我有一次在会稽山林场的一处水塘附近拍摄，因为拍过很多次弹琴蛙，所以懒得再去拍它。然而，正在拍摄斑腿泛树蛙时，我忽然听到几声变了调、从未听过的弹琴蛙的叫声，我一惊，回头去寻找，用手电筒搜寻了好久，也没在杂草丛里寻找到弹琴蛙。不过变调的声音一直持续响了十多分钟，后来就没有了。这是令我挺费解的一次经历，一直想不通是怎么回事。直到不久后的一次夜晚观察，我再次听到了类似的蛙叫声，不过那是一只黑斑侧褶蛙发出的，它正被一条赤链蛇吞食。我这才恍然大悟，之前听见弹琴蛙变调的声音，可能是它被猎食者捕捉后濒临死亡时发出的“绝唱”。

国内琴蛙属有 15 种，之前浙江分布的只有弹琴蛙。但是，2020 年有研究人员发表的新蛙种论文，将浙江部分地区的弹琴蛙种群命名为一种新的蛙类——孟闻琴蛙，这样浙江就分布有两种琴蛙属的蛙，分别是弹琴蛙和孟闻琴蛙。孟闻琴蛙的命名是为了纪念我国两栖爬行动物学、生物科学史奠基人张孟闻先生，张老是浙江人，又是琴蛙属中仙琴蛙的命名人。不过，孟闻琴蛙还没有出现在野生动物保护相关名录中，期待它们能如丽水树蛙、丽水角蟾等新发现的蛙类一样，及时被赋予保护级别，这样才有利于更好地保护它们。

期待在每一个夏季的夜晚，都能享受到弹琴蛙的美妙演奏，这是大自然给我们最好的礼物。

多栖歌手

——三港雨蛙和中国雨蛙

早春，多雨水，也多雨蛙！

稻田里已是蛙声一片，“格啊、格啊”，这是三港雨蛙在鸣唱，而中国雨蛙往往要到4月或5月后才鸣叫繁殖。这两种雨蛙，我都在野外碰到过，它们是非常有名的“歌手”。

雨蛙之所以被称作雨蛙，是因为它们在下雨天活动频繁。其实在物种分类上它们和蟾类的关系更接近，所以也被称为树蟾。雨蛙白天不容易被看到，一般都隐藏在树叶丛、树洞或者土洞中，晚上才出来捕食各种昆虫。它们四肢纤细，不善于跳跃，但指、趾端具有发达的吸盘，能在任何物体表面游刃有余地攀爬行走。不过老是在树枝上这样攀爬，它们被很多人误认为是树蛙，好几次有学生在野外指着雨蛙大声对我说：“赵老师，你看，小树蛙。”

小小的雨蛙，有时我们在野外发现它后，会忍不住把它拿在手中。这个时候大家可要注意了，雨蛙可是有毒的哦！正如它们鲜艳的色彩一样，雨蛙的皮肤具有大量的腺体，一般情况下，腺体分泌的黏液主要是为了保持身体表面的湿润。但是在受到攻击时，腺体就会分泌大量黏液，一方面让自己的身体表面变得极其黏滑，便于脱身；另一方面，黏液里含有很多刺激性物质，一旦进入伤口或者人的眼睛，就会让人疼痛、难受不止。在野外，我的不少喜欢探究两栖爬行动物的小伙伴都收到过来自雨蛙的这份特殊“礼物”，当然这种经历会让他们印象深刻，并引以为戒。

三港雨蛙和中国雨蛙在繁殖季节都会在野外发出响亮的鸣唱声，这种鸣唱声，让我们在夜间的野外很容易就可以找到它们。那么雨蛙的鸣唱有什么作用？雌、雄蛙都会叫吗？它们鸣唱时喉部为什么会变大呢？其实雨蛙雌、雄蛙都会发出叫声，它们都有声带，只不过雄蛙叫声要比雌蛙响亮很多。此外，雄蛙还具有声囊，它在鸣唱前，会吸入大量的空气，然后猛烈地挤压腹部把吸入的空气排入声囊中，与此同时，伴随声带的震动，鼓起的声囊形成了一个能把声音放大的共鸣腔，于是雄蛙的声音可以变得响亮悦耳，有时如果刚好在水里鸣唱，还会在水面形成层层波纹。当然，雄蛙的鸣唱越响亮好听，代表着雄蛙体型越大、身体越健康，也越适合繁殖，这样它就能超越其他的同类，赢得雌性的芳心。雌性也会发出一些特殊的声音，同样可以吸引雄性前来求偶。当然，这些鸣唱不仅限于求偶，还具有联络的功能，比如雄蛙和雄蛙抱错对了，这就需要鸣唱告知对方；再比如雄蛙对进

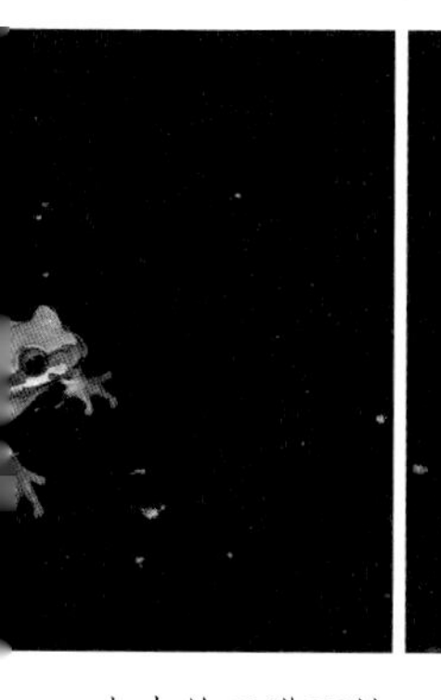

水中的三港雨蛙

异色三港雨蛙

鸣叫结束的中国雨蛙

中国雨蛙正在鸣叫

入自己领地范围内的其他雄蛙发出警告。雨蛙的声音多变而复杂，俨然是全方位发展的多栖歌手。

三港雨蛙和中国雨蛙还有个特殊的行为，就是在不同环境或者不同刺激下，体表的颜色会改变。中国雨蛙的改变程度不是很大，比如说在野外它的身体颜色是碧绿色的，如果将它带入室内环境，它的颜色会变得暗淡许多，但总体还是绿色，体表颜色改变不是很多。三港雨蛙就不一样了，它的体色实在是多变，多变到曾经有一次我在野外拍摄到一只体表颜色是土褐色的雨蛙，误认为是一种新型的雨蛙，连忙把它装在塑料瓶准备带回去作为科研的物种样本，结果带回到住宿的地方后，发现它体色已经变回绿色了，这才意识到原来它还是三港雨蛙，在环境或者光线的刺激下它的体色变化了。不过，三港雨蛙的体色在什么情况下才会变化，它受到什么样的刺激才会做出这种行为，以及它为什么要进行体色的变化，这些问题我都无法解答，期待以后研究它们的科学家为我们逐一揭晓答案。

无力挣扎
——棘胸蛙

我是一只雄性的棘胸蛙，但我喜欢人们叫我石蛙，因为这很亲切。

我生活在一条清澈的山林小溪里，大大小小各种形状的乱石堆缝隙是我的居所，溪流中成群的石斑鱼是我的邻居，还有溪流边各种花草，不仅养眼，还能吸引来大量美味可口的昆虫，让我填饱肚子。我就这样无忧无虑地生活在如天堂一样的溪流里。

棘胸蛙蝌蚪

棘胸蛙在水中

棘胸蛙背部

春天到了，我从冬眠中苏醒，开始为繁殖后代做准备。

夜晚，我跳上了巨大的石块，用浑厚的嗓音鸣叫，展示我的力量和体质，希望亲爱的姑娘能看上我，和我一起共筑爱巢，永浴爱河。

我的展示似乎得到了回应，一位漂亮的姑娘来到我的身旁，芳心暗许。我高兴极了，这是我第一次赢得了一位姑娘的欢心。

正当我们情意绵绵之时，一条体型很小的幼年五步蛇居然来骚扰我那可爱的姑娘，这种毒蛇虽然具有可怕的毒液，但是它这小体格根本不是我的对手，我张大嘴巴，将它卷入口中吞下肚子。在大自然中，体型大的就是王者，体型比我小还敢惹我的，我都毫不客气地把它们吃掉。

转眼到了夏季，我和我家夫人的爱情结晶出生了，它们继承了我优秀的基因，体型巨大，有些体型都超过我们的邻居石斑鱼了。只是现在它们还不习惯陆地的生活，只能在水里栖息嬉戏，虽然单调乏味，但是水中它们的敌人很少，水可是它们的防御屏障，只要一感到危险，它们就会游到岩石下面躲藏。幸好它们还能和成群的石斑鱼一起玩耍，不然该有多寂寞无聊啊！

棘胸蛙

我继续在夜晚跳到石头上歌唱，偶尔捕食飞过的昆虫和路过的其他小动物，然后看着我的孩子们在水中畅快地游动，慢慢成长，我想象着它们长大后的模样，一定和我一样英俊帅气。

一天晚上，我居住的溪流来了陌生人，它们是被称为人类的动物。当时我正在石头上歌唱，忽然一束强光照射过来，我睁不开眼睛，但是听到了头上有风吹来，我马上跳向溪水中，游到大石块下躲藏了起来。他们应该就是捕蛙人吧。

小时候，父母跟我讲，因为我们体型大，那些捕蛙人就来捉我们去市场上卖，还把我们称为“山珍”。我的父母和很多兄弟姐妹就是被捕蛙人捉去了，之后我再也没有见过它们。

今天，我算是躲过了一劫。

第二天晚上，我依旧趴在石块上快乐地唱歌，溪流中又出现了捕蛙人的身影，我大声叫唤着，让我亲爱的夫人躲藏起来，可是她没有回应，然后捕蛙人慢慢地靠近了我，我机警地跳入了溪水中。我正在庆幸自己又逃过了一次捕捉，却忽然觉得自己的身体不受控制地抽搐起来——我遭遇电击了。然后，我看到我亲爱的孩子们和我的邻居石斑鱼们都漂在了水中一动不动。难道它们已经死了？

我抽搐着四肢无力动弹，捕蛙人的一只大手将我从水中捞起，我已经不能呼吸，快要死去了，我绝望地看着溪水中死去的孩子们，眼泪止不住地流淌下来。当我还剩最后一口气时，捕蛙人将我扔进了捕蛙篓里，我清楚地看到，我的身边躺着我亲爱的夫人和其他同伴。

再见了，我的小溪，我的孩子们，我的夫人和我的朋友们，我呼出了最后一口气，安静地死在了这只湿漉漉的捕蛙篓里。

长“胡子”的蛙
——崇安髭蟾

长“胡子”的蛙，相信很多人都没见过，我也是第一次看见，内心的激动真是无以言表。崇安髭蟾的“胡子”、体色和瞳孔形状，让我惊叹于大自然造物主的神奇。

崇安髭蟾的正面特写

“胡子”特写

崇安髭蟾，生活在海拔 800~1500 米的山林茂密区域，附近一般有大型的溪流。成年的个体在陆地上栖息生活，见于草丛、土穴和石块下，在某些农耕地也可以看见。11 月天冷的时候，它们会进入溪流进行繁殖，雄性出现第二性征，体色变得鲜艳，上嘴唇边缘会长出对称的“胡子”——左右各一枚锥状角质刺（有些个体左右各两枚），雌蟾相对应部位不长刺但皮肤会变成橘红色。一些研究者分析这些角质刺长出的原因有如下几个：一是为了展示雄性个体的体质，吸引雌性；二是争夺地盘或者配偶的时候，用于相互打斗较量；三是营造适合雌性产卵的地方时，坚硬的胡子可以当作工具使用；四是用于护卵。繁殖期一过，雄性的“胡子”会自动脱落，因此这些“胡子”就是为雄性在繁殖期间所用而出现的。不过，这些关于崇安髭蟾“胡子”用途的说法还没有任何有效的影像资料和科学研究给予佐证，仅仅是众多科学家和研究学者的一些猜测。

“胡子”蛙的正面雄姿

崇安髭蟾

繁殖期，交配完成后雌性崇安髭蟾下水产卵，很多卵黏附在石头下面。产完卵的雌性崇安髭蟾拍拍屁股上岸走了，留下雄性看护这些卵。守护后代可是个需要耐心的活，卵孵化要一个月左右时间呢。

崇安髭蟾的卵孵化后，成为蝌蚪，这种蝌蚪体型很大，生活在溪水中，以藻类、苔藓为主要食物，白天躲在水中石缝里，要经过三年的时间才可以变态成幼蟾，之后才上岸生活。

崇安髭蟾是我国的特有物种，但近年来因为其生存环境质量不断下降，其种群数量也下降得很快，在福建武夷山、浙江龙泉凤阳山，一些村民会在冬季去捕捉这些体型较大、肉多的“胡子”蛙食用。此外，还有一些爬宠玩家也会前往捕捉，贩卖盈利，但是由于对崇安髭蟾的科学研究不够，捕捉后进行贩卖饲养的基本上都会死亡。

崇安髭蟾分布区域狭窄，我们应对其原生栖息环境加强保护，对村民进行科普教育，对捕捉贩卖加以管控处罚，否则，等待崇安髭蟾的，只能是消失。

雪山下的爱恋
——西藏齿突蟾

2019 年冬季第一次去青海玛可河林区拍摄野生动物时，没有想过会遇上两栖爬行动物，直到碰到了无斑山溪鲵，我才后悔没有携带微距镜头。于是，2020 年再去玛可河林场时，我一下带了两个微距镜头，其中一个是广角微距镜头，我脑子里甚至已经想好了拍摄的画

无斑山溪鲵

面，一定要把雪山生境一起拍入照片中。

已是 5—6 月的初夏，玛可河林区还时不时会降雪，气温也时高时低。远处的雪山上还是白雪皑皑，下面沟子、河谷区域却已经绿草如茵，各种花儿点缀其中——已经到了两栖爬行动物繁殖的季节。

西藏齿突蟾生活中在海拔 3300~5100 米的高山或高原的小山溪、泉水石滩地或古冰川湖边。根据它的习性我们去了几个海拔比较高（4300 米左右）的沟子里寻找，在小溪里我们寻觅到了多只西藏齿突蟾，其中有一对抱着的西藏齿突蟾让我格外兴奋，这是它们在抱对准备繁殖。于是我将它们从水中捞出，放在石头之上，繁殖期抱对的西藏齿突蟾抱得很紧，不会轻易分开，因为一旦分开，就可能会被其他雄蟾“插足”。

繁殖期的雄蟾，前肢足部内侧第三趾上婚刺细密，胸腹部皆有不同刺团、刺疣。我拍摄的这张抱对照片中，那只趴在雌性背上的雄性西藏齿突蟾的前肢足部内侧第三趾上婚刺确实已经成团发黑，这些特征显示着性成熟，可以开始繁衍后代了。

不过西藏齿突蟾有个体是性逆转的。性逆转就是在一定条件下，动物雌雄个体互相转化的现象。性逆转的动物体内既有雄性生殖器官又有雌性生殖器官，只是一般会表现出其中一种，而当某些原因如外源刺激等情况下，被抑制的另一个器官被激发，从而显示另一种性别。性逆转现象在鱼类中是最常见的，比如我们最喜欢的小丑鱼，它就会在繁殖期变大，然后性逆转，以满足繁殖后代的需求。

性逆转现象一般出现在低等级的动物中，这是它们生存繁衍的策略。当我拍下这张西藏齿突蟾的照片时，也在暗自发笑，不知道这是真的一雄一雌之间的爱恋，还是两个同性之间迫于繁衍而进行的爱恋。

不管这些了，反正动物有自己独特的生存繁衍方式，毕竟经过漫长的演化，能够幸存下来与我们人类一起生活在地球上，没点绝活哪行呢?

雪山下正在抱对的西藏齿突蟾

尾随一生

难见真身
——大鲵

我清楚地记得我一共见过大鲵四次，但都不是野生的。

第一次见大鲵印象最深刻，那时我刚到绍兴市林业局上班，主要从事森林资源管理工作，也负责野生动物的救护。一位市民抱着一只白色的泡沫箱来寻求救助。我打开一看，是大鲵。据这位市民说大鲵是在一个马路市场的流动摊贩购买的，知道是保护动物（《国家重点保护野生动物名录》将大鲵野外种群列为国家二级重点保护野生动物），所以送过来了。大鲵归农业局渔政部门管理，所以我把大鲵送去了渔政部门，接收的专家说，这是养殖的。

第二次见大鲵，是在联合渔政部门对一家饭店进行执法检查时，在饭店的点菜区里见到的，据渔政部门人员讲，这家饭店办理了经营利用大鲵的许可证，是合法经营的。我很纳闷，大鲵保护级别这么高，野外很少了，怎么可以经营利用大鲵呢？渔政部门人员告诉我，大鲵的野生种群确实非常少，但是大鲵的人工繁育非常成功，很多企业、单位，甚至个人都申办了人工驯养繁殖大鲵的证件，进行人工养殖，并在市场上按照法律法规进行审批销售，这是国家许可的。

大鲵特写

第三次见大鲵，是在城市环城河的河埠头，那天刚好经过，看见一大群人围着看热闹。停下一看，是有人在吆喝贩卖一条大鲵，周围的人议论纷纷，也有人在讨价还价。我心中不忍，便上前告诉那位贩子，这是国家二级重点保护野生动物，私自贩卖是触犯刑法、要负法律责任的。大概是我的义正词严吓住了那位商贩，他居然把大鲵放入河水中，声称不卖了，放生总不犯法吧。我看着没入水中的大鲵，也是无可奈何地摇头。问起大鲵从何而来，商贩说是从养殖场低价买来，准备卖出去赚钱的。

之后的三年，我在野外拍摄时总在有意寻找野生大鲵，但都未如愿。

第四次与大鲵相遇，是在对古田山国家级自然保护区的调查过程中。那个夜晚，我和小伙伴在保护区附近的溪流调查时，碰到了一条

大鲵

在水中的大鲵。这条大鲵分布在如此人迹罕至的野外，一定是野生大鲵了，我终于见到它了！我难抑兴奋，于是不顾疲劳，和小伙伴拍摄了整整一个小时才罢休。谁知第二天从保护区得知，一个月前，渔政部门刚刚在这里野放了数百条人工驯养的大鲵，想让它们重拾野性、回归自然。我还了解到，古田山国家级自然保护区已经很多年没有见到野生大鲵了。原来，那天晚上我们拍摄的大鲵也是人工驯养的。想想也是，极度濒危的野生大鲵，哪有这么容易被刚好来古田山调查的我们碰上。

大鲵因叫声与婴儿的哭声相似，俗称“娃娃鱼”。其实它还有一个名字，叫“大山椒鱼”，因为它身上有山椒的味道。

野生大鲵作为中国特有物种，目前主管部门对它很重视，不仅加大了野外种群的保护力度，而且还建立起大鲵的种质资源库和原种繁育基地，而人工繁育出来的个体也不断被放归，补充野生种群，促进基因交流。但是也有人质疑放生人工繁育个体的科学性，认为这样做会使原生大鲵的基因遭到污染，导致原生种的彻底灭绝。

成年前的假期
——秉志肥螈

四明山中，青溪石间，总会发现有小小的四脚娃娃鱼，如果你好奇地问当地村民这是什么东西，他们肯定会告诉你，这叫“水和尚”或者“水壁虎”。

这种叫“水和尚”的有尾目两栖动物其实叫秉志肥螈，这个中文名是以我国近代生物学的主要奠基人，也是中国动物学会的创始人秉志先生的名字命名的。秉志肥螈对水质的要求极高，只有在水质极好的山涧中，才能看到它的身影，所以它是衡量一个地方水质好坏的指示物种。

我一开始接触秉志肥螈，不是很了解它。记得有一年夏季，在四明山中一处山涧里，我看到有一小群秉志肥螈在水潭里游动，就很激动，走过去准备拍摄。不料它们很警觉，我一走过去它们就钻进石缝里或者躲藏到石头下面。我还试图用手把它们从水中捞出来仔细观察，但是滑溜溜的身体如泥鳅一样，根本抓不住。所以我对秉志肥螈的第一印象便是：这是个滑腻的家伙。

之后在野外多次碰到秉志肥螈，它们都是在溪流水潭中安静地游

秉志肥螈（陆栖）亚成体

动，偶尔会游到水面换气冒个泡。

直到有一次，我居然在水边的潮湿地面也看到了秉志肥螈，它特立独行地出来“闯世界”，不像其他个体那样老实地待在水中，以至于我看到它的时候还以为发现了一种新的蝾螈。之后我仔细观察发现这只肥螈身体表面非常粗糙，有小小的黑颗粒，完全不同于原先我看到过的秉志肥螈，我很奇怪，拍了照片，发给了一位两栖爬行动物专家，专家看过照片后告诉我，这条不太一样的肥螈还是秉志肥螈。于是我对秉志肥螈有了新的印象：它还是个表面粗糙的家伙。

之后，我和这位专家讨论为什么有这种现象，他告诉我一个秉志肥螈的小秘密：成年之前，秉志肥螈总会有一个到陆地上生活的“假期”。

这是秉志肥螈适应环境而产生的行为。我拍到的这条秉志肥螈还没有完全长成，即为亚成体。亚成体区别于成体的秉志肥螈就在于身体表皮粗糙、有小黑颗粒。亚成体的秉志肥螈在入水前会有段时间在陆地上生活，它的体表要适应陆地生活；而成体的秉志肥螈要适应水中的生活，体表当然会比较光滑。不过，成体的秉志肥螈有时也会上岸捕食，毕竟是两栖动物嘛，除了不能上天，登陆下水是必需的技能。

了解了秉志肥螈的这个小秘密后，我对用独特行为适应着环境变化的两栖类物种更加着迷。同时，我也对研究两栖爬行动物的专家学者佩服万分，他们渊博的知识和科学的态度，是我们保护两栖爬行动物的坚实力量。

游动的秉志肥螈成体

成长的秘密

——义乌小鲵

义乌小鲵是中国特有珍稀物种，1985 年发现于浙江义乌，故被定名为义乌小鲵。2021 年 2 月 5 日，新调整的《国家重点保护野生动物名录》发布，义乌小鲵被列入国家二级重点保护野生动物。义乌小鲵体长 8.5~14 厘米，跟小朋友手掌的长度差不多。多生活于海拔 100~200 米植被繁茂的丘陵山区。成体营陆栖生活，多见于潮湿的泥土、石块或腐叶下。主要以各种昆虫及蚯蚓等为食。多在 12 月中旬至翌年 2 月繁殖，也就是说在一年中最冷的时期繁殖，主要在水塘、水池、水洼及小水库边缘产卵。

选择大冷天繁殖还不是最奇特的。结合在野外拍摄的经验，我来给大家讲一个义乌小鲵成长的秘密吧！

义乌小鲵成体在陆地上栖息，等到需要繁殖的时候，它就会爬到水洼、水坑或者水塘里去产卵。它并不会随意选择地点进行产卵繁殖，而是会选择镇海林蛙产卵的地方进行繁殖。它为什么要跟随镇海林蛙的脚步去产卵呢？

镇海林蛙是一种在冬季繁殖的蛙类，它会选择在合适的有水区域

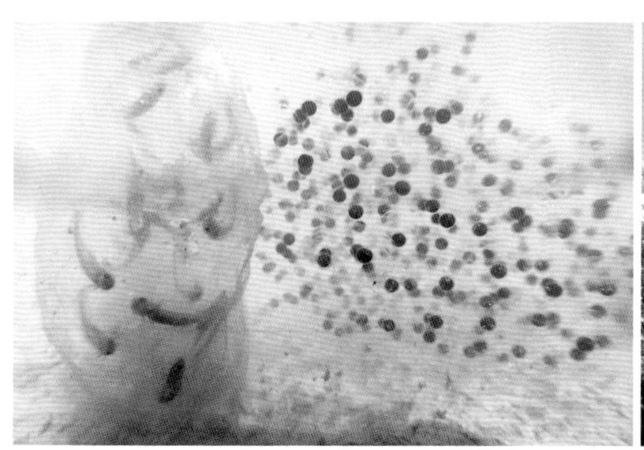

义乌小鲵（左）和镇海林蛙（右）的卵在同一水域

义乌小鲵的幼体

产下大量卵，它的产卵时间在 1—4 月，所以和义乌小鲵的产卵时间 12 月至翌年 2 月是有重合的，这就给义乌小鲵的繁殖成长提供了很好的机会，秘密也隐藏在这个重合的时间段里面。

义乌小鲵的卵会比镇海林蛙的卵更早成熟，因此义乌小鲵的幼体会比镇海林蛙幼体发育得更快，它出来后就会把镇海林蛙的卵当作自

义乌小鲵亚成体

·义乌小鲵成体

己成长的必需品，大快朵颐，不断吞食，加速自己的生长发育。而镇海林蛙只能自求多福，希望自己的幼体成长快一点，尽早上岸，摆脱义乌小鲵幼体的猎食。

然而，更残酷的是，义乌小鲵幼体之间也存在着竞争关系，它们会吃掉同类而让自己不断成长。这也是物种延续的必然选择，在资源有限的情况下，吃掉竞争的同类可以让自己的食物资源最大化，得到更多的蛋白质以加速成长。不过，一旦义乌小鲵变为成体，上岸生活后，剩下的义乌小鲵幼体和镇海林蛙也就逃过被吃掉的命运了。

当然，那些迟发育的义乌小鲵的卵或幼体，也会被早出生的镇海林蛙幼体吃掉，很简单的道理，体大为王。

如果说义乌小鲵利用了与镇海林蛙在相同区域产卵，并以镇海林蛙卵为食这种应对竞争的手段，那么镇海林蛙也通过产卵数量多、产卵繁殖时间长的方式来保持自己物种的竞争力。

每个物种都有其成长的秘密、生存的绝招，这就是大自然。

义乌小鲵成体

龙王山的珍稀物种
——安吉小鲵

车子在山路上缓慢地盘旋，车外的气温越来越低，旁边的山路上还挂着冰凌。我摸了摸身上的薄外套，不禁暗暗后悔，早知道这么冷，该多穿点衣服来的。

车到龙王山国家级自然保护区管护站点，下车与护林员老刘寒暄。老刘是位老护林员了，他驻扎在这座大山里已经 30 多年了，看护着

安吉小鲵繁殖的水坑

水坑中的安吉小鲵

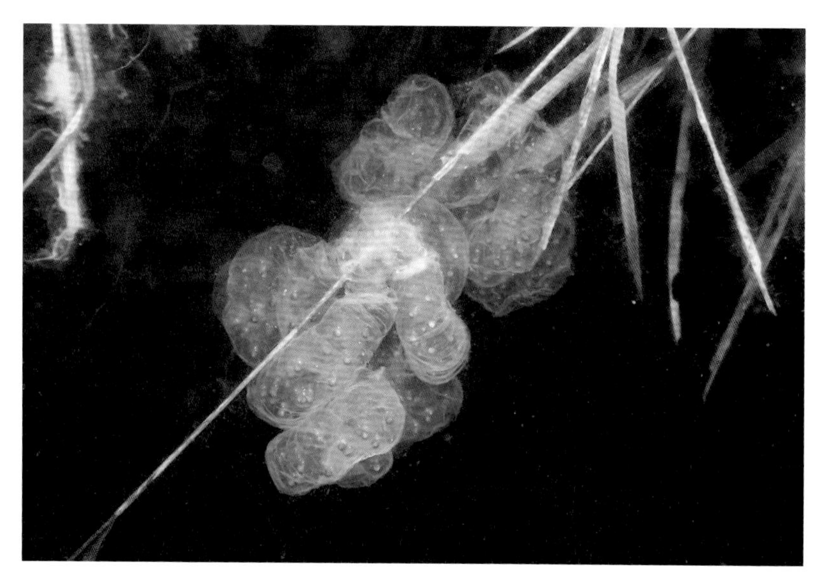

安吉小鲵的卵泡

大山里的一草一木、飞禽走兽，是全国优秀护林员。要看这里的珍稀物种，可得经过老刘的同意。

这是一个我太想观察和拍摄的物种——安吉小鲵，它是小鲵科小鲵属的两栖动物，也是我们中国的特有种，该物种的模式产地在浙江等地，因为最早被学者发现的地方是安吉龙王山，因而取名为安吉小鲵。

停车后开始步行，顺着石阶一步一步攀向山顶，背上的装备越发显得沉重。来到泥炭藓沼泽区里，我们开始搜寻一个一个的水坑，却没有发现安吉小鲵的踪迹。十分钟后，同行的朋友兴奋地朝我挥手大喊“找到了、找到了”，我连忙过去，水坑的冰面下停留着一条安吉小鲵，它静静地浮在那里，一动不动。太兴奋了，我居然忘记了拍摄，小伙伴们按动快门的声音让我回过神来，连忙开始拍摄生境、水下和岸上照片。

安吉小鲵生活在海拔 1300 米左右的山区，成体多栖息在山顶沟谷的沼泽地内，四周植被繁茂，地面有大大小小的水坑，水深

水下的安吉小鲵

安吉小鲵的亚成体

一条体型较大的安吉小鲵亚成体正在吞食体型小的亚成体

50~100 厘米。每年 12 月到翌年 3 月，安吉小鲵会在水坑内繁殖产卵，一般产卵袋一对，一端相连成柄，黏附在水草上。卵袋入水后，产好卵的雌性安吉小鲵会离开，而接下来的雄鲵会在水中逗留较长的时间，你以为它在保护卵吗？其实不是，它在等待其他雌性个体前来，以继续交配。

安吉小鲵的幼体和义乌小鲵一样，也会同类相残。大吃小可以保证区域竞争的优势，也可以让自己成长得更快。

水坑中已经有了安吉小鲵的幼体，只是很难拍摄它们。为了拍到一张像样的幼体照片，我趴在水坑边用水下相机持续拍摄，结果在冷风中冻了整整两个小时，外套、鞋子全部湿透。

由于分布范围极其狭窄，且生境脆弱，加上爬宠贩子的非法捕捉，安吉小鲵的处境曾一度艰难。幸好自然保护区及林草主管部门对这一物种采取了各种抢救性措施：提升安吉小鲵的保护级别；下拨保护安吉小鲵的专项资金；聘请专人巡护栖息地；组织执法机关打击滥捕滥猎；科学繁殖后野外放生等。这一系列有效措施，使得安吉小鲵得以继续生存。

安吉小鲵成体

安吉小鲵头部特写

隐世九峰山
——镇海棘螈

在浙江有一种我国特有物种、国家一级重点保护野生动物，这种两栖动物只在浙江宁波有，且文献记载其数量比大熊猫还少。随着动物学家调查研究不断深入，它在宁波九峰山的栖息地被发现，它就是镇海棘螈。

产完卵的镇海棘螈

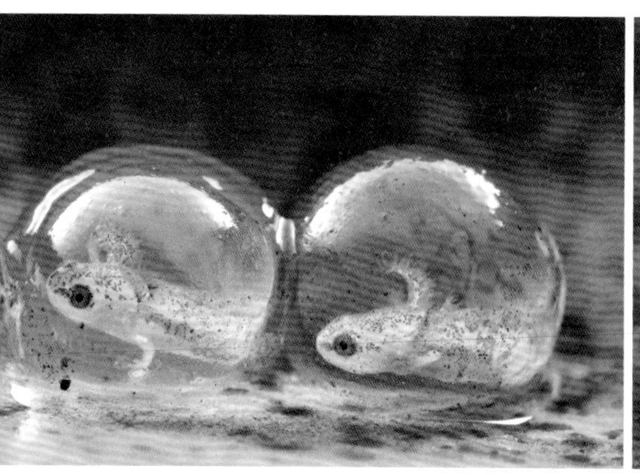

两个幼体正欲破卵而出

卵中幼体特写

1932 年，中国生物科学史研究的奠基人之一、动物学家张孟闻先生首次在宁波地区镇海县（现在属于宁波市北仑区）城湾村发现了镇海棘螈，当时定名为镇海疣螈。顺便提一句，张孟闻先生是宁波人，所以这个物种真的和宁波很有缘。遗憾的是，由于日军侵华，战乱中唯一的模式标本遗失。后来因为模式产地城湾村的生境发生了巨大变化，近 50 年在该地再未发现该物种。此后，《中国动物志 · 两栖纲》编写组专门针对这一物种组织了多次调查，幸运的是在 1978 年，蔡春抹先生在浙江省宁波市镇海县（现属宁波市北仑区）九峰山的瑞岩寺附近再次发现镇海棘螈。1979 年，蔡春抹先生和费梁先生等又采到标本，镇海棘螈的神秘面纱就此被揭开。

镇海棘螈数量极其稀少，在整个北仑区林场内野生种群数量不超过 600 尾，自然分布区狭窄，全世界只有在宁波地区有分布。镇海棘螈对自然环境要求很高，需要干净无污染的水源和空气，近些年由于人类经济活动日益频繁，致使该物种数量呈持续减少趋势，被世界自然保护联盟和中国野生动物保护红色名录评估为极度濒危物种；1989 年，镇海棘螈被列为国家二级重点保护野生动物；2021 年 2 月，镇海棘螈被调整为国家一级重点保护野生动物。

镇海棘螈亚成体

为了拯救和保护该物种，1992 年宁波建立保护区，开展系统科学的保护和研究，经过一代代科研人员、保育人员的努力，镇海棘螈的种群逐渐恢复；2018 年，宁波和中国计量大学合作设立科研点，对镇海棘螈进行人工繁育，截至 2021 年 11 月，人工繁育的镇海棘螈数量已超千尾。

我一直想拍摄镇海棘螈，尤其是它们在繁殖季节的各种行为，比如说产卵、卵中发育的幼体以及上岸后的亚成体、成体等。一年又一年，我都没有机会拍摄。2021 年 4 月，恰逢镇海棘螈升级为国家一级重点保护野生动物之后 2 个月，中国计量大学的徐爱春教授找到我，希望我能够帮他拍摄一些镇海棘螈的照片。终于有机会能够前往镇海棘螈的繁殖地进行拍摄，我喜出望外。

捕食蚯蚓的镇海棘螈

镇海棘螈

镇海棘螈的繁殖季，它们会在夜间或凌晨迁移到水坑旁的落叶下产卵，产下卵后过段时间就会离开，然后卵就会发育，卵里面的幼体破卵而出后，会从破卵的地方寻找落叶，弹射到水坑附近，然后再一点点挪到水坑里，之后幼体会在水中一直生活，小棘螈必须在水中生活58~88天。刚刚出世的小棘螈像鱼儿一样用鳃呼吸，吃藻类、腐烂植物和小型水生动物。至四肢脚趾发达、鳍腮蜕变、皮肤粗糙后上岸，改用肺呼吸，从此不再入水。我就不详细描述拍摄镇海棘螈照片的经历了，要想在野外拍到精美的照片，需要付出极其艰辛的代价。遗憾的是，我最想拍摄到的镇海棘螈幼体弹射入水的照片，一直没有拍到。不过幸运的是拍摄到了一只成体进食蚯蚓的照片，也算是一种补偿吧！

目前该物种野外种群状况趋于稳定，相信镇海棘螈定能在这片土地上更好地繁衍生息。

龟驮甲行

举步维艰
——黄缘闭壳龟和黄喉拟水龟

黄缘闭壳龟和黄喉拟水龟是市场上常见的龟类，野生动物驯养繁殖产业的发展使得这两个物种的人工种源非常稳定。但从近几年的调查和野外救护数据来看，这两个物种的野外种群正在持续下降，其处境可谓举步维艰。2021 年 2 月，新调整的《国家重点保护野生动物名录》公布，黄源闭壳龟和黄喉拟水龟均被列入国家二级重点保护野生动物（仅限野外种群）。

黄缘闭壳龟有三个亚种，即中国台湾种群、琉球群岛种群和中国南方种群，我所说的黄缘闭壳龟的野外种群，就是指中国南方种群。黄喉拟水龟则分为南、北两个种群，南方种群主要分布在广西、海南，北方种群主要分布在福建、台湾及江浙沪等地区，而北方种群中江浙沪等地区的称为“小青头”，台湾、福建的称为“大青头”。

黄缘闭壳龟

黄缘闭壳龟是山龟，是偏陆栖性的龟类，当它的头和四肢缩入壳内时，腹甲与背甲能紧密地合上，以防御敌人的攻击，据传还能夹住蛇类，因此被称为“克蛇龟”“夹板龟”。它主要栖息于丘陵山区的林地边缘、杂草、灌丛之中，在落叶堆、树根处、石缝里都会躲藏。它生活虽然需要水，但是不能生活在深水域中。

在浙江，黄缘闭壳龟的模式产地是绍兴嵊州的竹溪乡，那里原先黄缘闭壳龟很多，有村民在田间地头、茶山竹林劳作时偶尔会捡到这

黄缘闭壳龟生境

黄缘闭壳龟

种龟，那时的村民都会把龟放回山林。如今黄缘闭壳龟的遇见率急剧下降，据走访调查统计，近三年每年只有一次的遇见记录，而且更糟糕的是被发现的三只黄缘闭壳龟均被卖给龟贩子了。由于野外种群的稀缺，爬宠市场收购野生种源的价格也一路攀高，一只野生黄缘闭壳龟高达数万元。这样的高利润诱惑着龟贩子铤而走险，甚至利用猎狗进山猎捕黄缘闭壳龟。黄缘闭壳龟的野外种群已经陷入极度濒危的境地。

黄喉拟水龟

黄喉拟水龟是水龟，是偏水栖性的龟，栖息于丘陵地带山涧盆地、

黄喉拟水龟

河流水域及稻田中，也常到附近的灌木及草丛中活动，白天多在水中游动觅食，晴天喜在陆地上，有时会爬到岸边晒太阳。黄喉拟水龟胆子非常小，我为了拍到黄喉拟水龟探头出水面的场景，趴在水洼附近等待了足足半个小时，等它伸长脖子慢慢从水里探出头，我赶紧按下快门，快门声居然吓得它又潜入了水底。

由于自然地理环境的影响，黄喉拟水龟的南北种群具有一定的差异，辨别它们主要是看底板斑纹，因为在同属的龟中黄喉拟水龟的底板斑纹差异算比较大的。野生的黄喉拟水龟种群，尤其是江浙沪等地区被称为“小青头”的种群，由于龟贩子的捕捉收购，在野外基本上很难看到了。

黄缘闭壳龟和黄喉拟水龟这两个物种野外种群的遭遇正在引起更

多的人关注，野生动物主管部门加大了保护管理的资金投入，积极设立栖息地保护区，并请专家团队对物种保育进行科学评估，宣传物种知识，引导大众参与保护。但愿这两种龟还能在野外继续生存繁衍，毕竟，野生种群的存在对物种的基因多样性有着重要意义。

黄喉拟水龟

救助后的无奈

——地龟

我是被一阵急促的电话铃声惊醒的，上虞的野生动物救护主管部门打来了电话，说是救助到一只非常奇怪的龟，体型不大，龟壳上有尖尖的角。我让他们查找南美鳄龟图片资料比对一下。被他们否定后，我也纳闷起来，这是什么龟呢?

20 分钟后，我赶到上虞见到了这只龟，这显然不是我们浙江的物种，这是一只地龟（*Geoemyda spengleri*），是国家二级重点保护野生动物。

地龟是小型的半水栖龟类，俗称枫叶龟、十二棱龟。体型较小，成体背甲长仅 120 毫米、宽 78 毫米。其头部浅棕色，头较小，背部平滑，上喙钩曲，眼大且外突，自吻突侧沿眼至颈侧有浅黄色纵纹。背甲金黄色或橘黄色，中央具三条嵴棱，前后缘均呈齿状，共十二枚，故称“十二棱龟”。腹甲棕黑色，两侧有浅黄色斑纹，甲桥明显，背腹甲间借骨缝相连。后肢浅棕色，散布有红色或黑色斑纹，指、趾间蹼，尾细短。地龟主要分布在我国云南、广西、广东、湖南、海南。那么这只地龟怎么会出现在浙江绍兴上虞这个并不适宜它生存的地方呢?

地龟

由于不断被捕捉及其他因素，地龟的国内野生种源数量不断下降，因此国家林草主管部门在当时制定野生动物保护名录时就将它定为国家二级重点保护野生动物。但是随着近来边境贸易、宠物饲养等原因，地龟在宠物市场上也不难发现踪迹。我判断这只地龟应该就是被宠物贩子带到浙江绍兴的，至于说是意外逃脱，还是遭人遗弃，已经无从考证了。

地龟随后被送到绍兴本地救护机构——绍兴市儿童公园动物园进行救护。几天后，动物园的负责人打来电话，地龟不肯进食，长此下去，性命不保。

地龟的食性，是个非常让人头疼的难题。野生地龟的食性往往由个体所处的野生环境所决定，即使是人工饲养条件下的地龟，每一只的食性也是不同的，有些个体喜欢吃叶菜、西红柿、黄瓜，有些个体喜欢吃蚯蚓、面包虫，没个定数。于是我和救护人员商量，赶紧找绍兴市养殖龟类比较有名的“龟王”小孙想办法。小孙养龟痴迷，国内

地龟正面

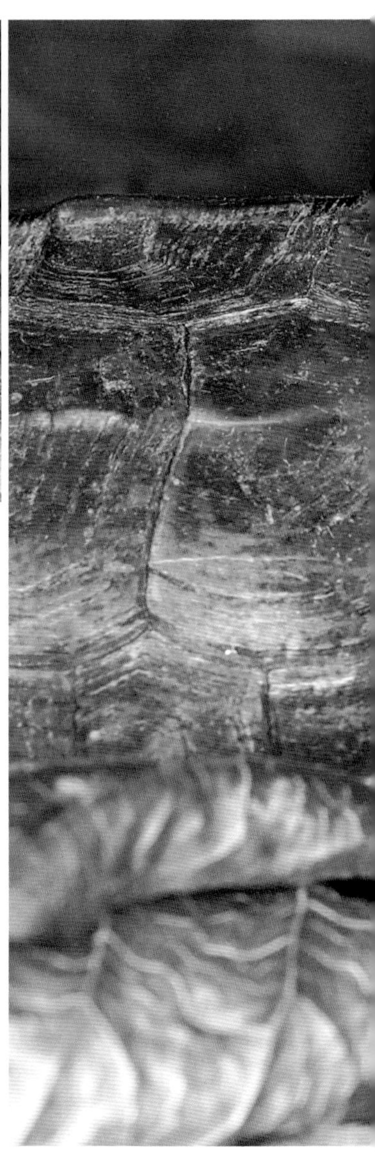

国外的各种龟类养殖都不在话下，但是面对这种在养龟界出了名难养的龟种，也是束手无策。但是小孙提供了很好的建议，就是只能先用不同的食物进行试喂，一旦开食后，就容易养活了。

于是，拯救这只地龟变成了一场攻坚战，目标就是让它开食。建造适合生存的环境是第一步，第二步是在阴暗的地方静养，第三步是泡电解质（各种维生素、微量元素钾、钠等）防止出现应激反应，第四步是多种食材试喂。两个月后，地龟终于吃东西了，食材是蜗牛。

地龟开食后的饲养状况一天比一天好，直到后来进入了冬眠。它醒来时，春天应该来了，期待它能够吃更多种食材，保持健康的体魄。

顺便说一下为啥不野外放归这只龟。一般救护的野生动物如果情况好转后，都是可以放回野外的，但是鉴于地龟野外的栖息地远在云南、广东、广西、湖南、海南，野外放归成本太高，

地龟侧面

本地放生无疑是让它在野外死亡。因此救护部门只能对其进行精心照顾，以便日后将它用于科普教育。这是它回不去野外的无奈，也是野生动物主管部门的无奈之举。

无法缩头的龟
——平胸龟

俗话说“缩头乌龟”，原义是指遇见危险的时候，龟类会把头尾及四肢缩进龟壳，凭借坚硬的龟壳抵御对手。不过有一种我国特有的龟类，它生性勇猛，体型不大却善于捕食，遇见危险时头和尾都无法缩入龟壳，它的名字叫平胸龟，是我最喜欢的野生龟类。

我在野外碰见过两次平胸龟，但与其真正结缘是因为野生动物救护工作。每年的夏天，绍兴总会有那么一两起救助平胸龟的事件，基层的野生动物保护工作人员并不认识这种龟，他们会拍照片发给我辨认或者邀请我过去甄别是何物种，所以我有幸能见到这种野外数量已经很少的龟。除了少数爱龟、养龟的专业人士，大多数老百姓对这种长相奇特的物种并不知晓。

平胸龟又名鹰嘴龟、大头龟、龙尾麒麟龟、鹦鹉龟。成年龟的龟背长 12~18 厘米，长椭圆形，龟甲扁平；四肢粗壮有力，爪子锐利，趾间有半蹼；头大不能缩入龟甲内，嘴带钩如同鹰嘴；尾巴长而似“龙尾”，有些个体尾巴甚至可以长于自身龟甲，尾上覆盖环状排列的矩形鳞片。平胸龟生性凶猛，同类之间也会因为领地大打出手，有时甚

水中的平胸龟

平胸龟

平胸龟头部正面

平胸龟头部侧面

至能将对方的尾巴咬断。平胸龟夜行性多于日行性，喜欢在山涧溪流处栖息活动，喜欢有流动水的地方，还喜欢阴暗且有大块岩石躲避的溪流。除了在水中抓鱼抓虾，它还能上岸寻觅食物，小型蛙类、蛇类、小昆虫都在它的食谱中。我在一些介绍中看到它甚至还能攀爬上树捕食小鸟，虽然我对此表示怀疑，但是有数篇网络科普文章中提及这个特性。

由于这种龟的一些特征与传说中的龙、麒麟有相似之处，人们便认为这种龟能代表我国的四大神兽（龙、麒麟、龟、凤）中的三种，是非常吉祥的象征。很多人被它极具观赏性的长相所吸引，尤其是养龟人士。爬宠市场的需求，使得宠物贩子到处高价收购这种龟，于是有人去野外专门捕捉平胸龟牟利，致使其野外种群数量下降很快。

宠物贸易导致野外捕捉是平胸龟野外数量下降的一个重要原因，但药典中将其龟甲入药也是重要原因之一，加上个别介绍它的文章中宣称它的肉质鲜美，滋补养生，这使得一些贪图野味的食客也盯上了平胸龟。如此一来，它在野外基本上是被人发现一只，减少一只。我曾在一些野生动物行政案件办理中屡次碰到有饭店经营这种龟的，说明这种体型并不大的龟其实还是在追求吃野味的食客中有市场的。虽然野生动物主管部门严厉打击，但当时平胸龟还没有被列入国家重点保护野生动物名录，仅能以浙江省重点保护野生动物的级别进行处理，处罚力度相对较弱，震慑作用有限。

2021 年，《 国家重点保护野生动物名录 》经过调整后，明确了平胸龟属的所有野生种都为国家二级重点保护野生动物，给平胸龟撑起了一把保护伞。

四足游龙

墙壁上远去的身影
——多疣壁虎

小时候每个夏季的夜晚，房前屋后都能看到壁虎的身影；街道的路灯罩上，一只只壁虎剪影是我最深的记忆。我曾以为无论是在城市，还是野外，它的数量都足够多。但是情况并非我所想，城市里的壁虎数量已经大不如前了。

记得 2015 年的一个夏天，我和儿子回到小区楼下时，儿子指着墙上大声叫:“爸爸快看，壁虎！”我顺着他手指的方向看去，墙壁上果然停着一只壁虎。我们这边的壁虎一般都是多疣壁虎。我凑上去仔细观察，壁虎纹丝不动，我和儿子看了很久，都没看到它动弹一下。对于这种守株待兔型的猎手来说，要想看到它捕食，得有很好的运气。于是那个夏季，我和儿子每天晚上回家都会去那面墙看看壁虎，虽然每次都能看到它和它的伙伴，但是一直没有看到它们捕食的场面。

2016 年、2017 年的夏天，我们都能看到小区里的壁虎。2018 年的春季，小区开始进行建筑的立面改造。那年夏季，看着崭新的墙和被水泥封闭的墙壁裂缝，儿子在昏暗的灯光下沮丧地跟我说:“爸爸，壁虎都不见了，夏天我再也看不到壁虎了。”我安慰儿子说带他去嵊州老家农村里去看壁虎，小区里的壁虎可能受不了施工搬家了。儿子却说:“是我们把它们赶走了。”这句话让我感觉有点沉重，此后我便格外关注壁虎。

我在城市、郊区、野外都认真地观察着壁虎，见的最多的便是多疣壁虎。多疣壁虎的体色非常多变，每一只的花纹体色都不一样，而且在一定的环境光源下，体色会随着光线的变化而变化。我所遇到的多疣壁虎的尾巴非常易断，特别是在遭受惊吓与捕捉时，断尾求生这一蜥蜴目物种所具有的绝招，被多疣壁虎用得炉火纯青。多疣壁虎的尾巴断掉后还能保持蠕动来吸引敌人，以便它可以趁机逃走。多疣壁虎的眼球长期暴露在空气之中会干燥和受到异物污染，于是隔一段时间多疣壁虎就会伸出长舌头舔舐自己的眼球，以保持眼球的相对湿润并清洁眼球。多疣壁虎的脚趾是叶状结构，攀瓣好似一层层的百叶窗。通过查阅相关资料，知道了其脚掌上有数以百万计的刚毛，每根刚毛上又有 100~1000 根更细的绒毛，这些绒

多疣壁虎捕食

多疣壁虎

毛极大地增加了多疣壁虎的脚掌面积，这就是它能飞檐走壁的秘密。

多疣壁虎在城市区域内数量减少的现象，我没办法通过科学的手段立项调查，只能在经常活动的区域、公园内进行观察。据我的观察和分析，多疣壁虎减少有如下几个原因：一是栖息地的丧失，多疣壁虎的栖息、繁殖地因为城市建筑更加精致、城市卫生要求不断提高而变得少之又少；二是杀虫剂等化学药剂的大量应用，对壁虎本身及壁虎的食物链都构成威胁；三是流浪猫，我不止一次看到流浪猫捕捉壁虎、蜥蜴等爬行动物。

一些城市的老房子中应该还生活着不少多疣壁虎，但我们能否为它们考虑更多呢？

但愿每年夏天，都可以在小区墙壁上看到壁虎的身影。

多疣壁虎

死缠烂打式求偶

——捷蜥蜴

捷蜥蜴是一种具有翡翠般迷人色彩的蜥蜴，作为高颜值的蜥蜴科代表物种之一，它的分布非常之广，欧洲大部分地区（除伊比利亚半岛和土耳其）、亚洲的蒙古都能见到它的踪影。但是在我国境内要见到它，就要去新疆，它多分布在阿勒泰地区和北疆西部。

我在 2017 年 5 月来到了新疆阿勒泰地区，特地在沙地草甸中探寻这种漂亮蜥蜴。捷蜥蜴虽然是昼伏夜出的，但在白天也会用晒太阳的方式来提升血液温度，所以在白天还是有机会遇见它们。只是它们警惕性很高，一有风吹草动就逃进土洞或者枯树下。

换色和伪装色

捷蜥蜴雄性成体背部为黑褐色，体侧为亮绿色，在 3—5 月的繁殖期颜色会更鲜艳；雌性成体为淡褐色，分布有黑、白斑点；幼体的颜色与成体接近，只是较为暗淡。由于个体差异，部分捷蜥蜴偶尔也会出现红背或蓝身。

繁殖季节，雄性捷蜥蜴背部的黑褐色会全部变为亮绿色，通体呈现翡翠绿。这种醒目的色彩，一是为了更好地藏身于草地中，躲避各种天敌，如猛禽的捕食；二是为了用更为醒目和鲜艳的体色，吸引异性交配繁殖。

雄性捷蜥蜴的翡翠色其实也是保护色

雄性捷蜥蜴

雌性的色彩偏暗淡，与换了颜色的雄性真的无法相提并论。但是雌性担负着繁衍后代的重要角色，暗淡的色彩使得它能够更加低调地存活。此外，雌性捷蜥蜴的体色其实和草地的另一种颜色——沙土色融为一体，这也是雌性捷蜥蜴的一种低调伪装吧！

奇异的求偶行为

捷蜥蜴可是出了名的精力旺盛，雄性之间平时就会有争斗，到了繁殖季节，争夺配偶的斗争就更是家常便饭了，为了让自己的基因能够传承下去，激烈的争斗是不可避免的。不过，一般雄性捷蜥蜴的争

雌性捷蜥蜴

斗基本在体型上就分出胜负了。18~25 厘米的个体体型差异，让体型更大的雄性个体毫无悬念地夺取了配偶权。不过，我想给大家介绍的可不是这简单的雄性争斗求偶，而是雄性和雌性之间的求偶争斗。

我有幸目睹了捷蜥蜴求偶的过程，一条体型较大的雄性捷蜥蜴刚刚驱赶走一条体型较小的雄性，开始慢慢接近一条雌性捷蜥蜴，它不断去触碰雌性，期望能引起人家的注意和青睐，但是雌性却显得比较冷漠，不予理睬。这下雄性急眼了，加快频率去触碰雌性，但是对它不感兴趣的雌性显然厌烦了这个追求者不礼貌的举动，它开始撤退了，撤退的速度令人咋舌，不过雄性捷蜥蜴不肯放弃，一路尾随，终于在超越雌性的瞬间，一口将雌性的身体咬住，不让雌性离开。我当时就看呆了，如果不知道两者的身份，仅凭体色判断，会误以为是一条绿色蜥蜴在袭击另一条褐色的蜥蜴。

死缠烂打式求偶行为持续了 10 分钟左右，雄性捷蜥蜴未能得偿所愿，那条体型也不小的雌性捷蜥蜴最后挣脱了这个死皮赖脸的追求者，跑了。无奈的雄性捷蜥蜴只能舔舔舌头，继续下一轮的“相亲”。

特殊的求偶方式

享受慢生活

——铜蜓蜥

铜蜓蜥是一种很会享受生活的蜥蜴。为什么这么形容它呢？是因为我在野外大多数时候看见它时，它都趴在阳光下，慵懒地晒着太阳，仿佛和人一样喜欢悠闲的慢生活。

晒太阳的铜蜓蜥

铜蜓蜥在我国分布极广，不像其他只日行或夜行的蜥蜴，而是日夜都在活动，但是在白天有阳光的日子里，它总喜欢静静地沐浴在阳光下。铜蜓蜥是典型的冷血动物，它并不是爱晒太阳，只是为了快速地让自己活动开来，就像运动员比赛前喜欢热身一样，它靠自身行为从外界环境中吸收热量来提高体温，及时提升体温之后，它就可以到处活动和觅食了。

铜蜓蜥

日光浴后，铜蜓蜥的行动速度可是相当快，因为它喜欢吃的昆虫，如蟋蟀之类的逃跑速度可不慢，如果慢手慢脚，必定空手而归，所以铜蜓蜥也必须练就快速的捕食身手；同样遇到危险时，铜蜓蜥逃窜的速度也绝对一流，四只小脚一起配合开动，如离弦之箭一样，一下子就没影了。有时，它还会玩点花样，一下窜出去，钻入枯叶底下一动不动，由于它身体的花纹和周围的枯叶、泥土等颜色相似，很容易迷惑对手。如果天敌对它穷追不舍，它还会使用另一个绝技——断

断尾求生也难逃红胁蓝尾鸲的捕食（钱斌摄）

尾求生。这个办法可以让捉住它尾巴的敌人错过捕捉它的机会，断裂的尾巴还会扭曲摆动，吸引天敌的注意力，便于铜蜓蜥成功逃脱。这种丢卒保车的策略使得它在野外的生存率大大提升。不过，很多猎食者尤其是鸟类可不会被铜蜓蜥长长的尾巴所迷惑，而是会利用长而尖利的喙和爪，牢牢地戳穿或抓住铜蜓蜥的身体主要部位，一叼一个准。我曾经在野外目睹过蓝翡翠等翠鸟科的鸟类用喙刺穿铜蜓蜥的捕食场景，当然也看到过赤腹鹰等小型猛禽用利爪抓住铜蜓蜥后飞到树枝上大快朵颐的场面。自然界是残酷的，铜蜓蜥有躲避天敌的办法，天敌也有捕食它们的方式。

铜蜓蜥

2020年夏天,我在乡村的废木场里看到了一条体型肥大的铜蜓蜥,它一动不动地趴在枯木上晒太阳,我足足观察了它半小时。看着它肥大的躯体,我感觉它应该不是胖,而是已经有很多后代在它的肚子里了。铜蜓蜥也是卵胎生,生出来即是小的铜蜓蜥了。我在观察的时候不禁想,这条铜蜓蜥晒太阳不仅是提高它自己的体温,也在提高体内“宝宝”的体温吧。大多数蜥蜴不能自身合成钙质,而阳光中的紫外线可以帮助它们合成钙质,这条怀孕的铜蜓蜥,需要大量的钙质营养给予后代,因此它晒太阳的时间必然会很长。正思考间,忽然耳边响起了聒噪的红嘴蓝鹊的叫声,几只红嘴蓝鹊从头顶飞过,这条铜蜓蜥立即钻入了木材堆里,看来它虽然在悠闲地晒太阳,但是也在时刻注意着天敌的到来。

这种从小就被我称为“四脚蛇”的物种,原来还有晒太阳的习惯。希望这篇描述铜蜓蜥自身行为的科普小文能让你热爱上这样的自然观察。享受自然吧,享受慢生活!

仲夏夜之梦
——北草蜥

夏季炙热的阳光让我不得不躲进阴凉的草丛中，我那淡褐色与绿色交织的体色，足以让我隐藏在环境中不被发现。但是我那条长长的尾巴啊，很多次我都因为它才被那些掠食者发现，幸好我机警，一次次地躲过了致命的偷袭。我甚至有点嫌弃这条尾巴了。

树上的知了没完没了地叫着，草丛中偶尔出现的昆虫都成了我可口的点心，我吃得越多，成长得也越强壮、越美丽。记得妈妈和我说过，等到这个时候，会有一位英俊的小伙子出现，他会娶我为妻，一起生儿育女。

我寻觅了差不多快一个夏天，无数次在夜晚梦到过这个场景，但却始终没有碰到他，这会不会是一个无法实现的梦?

我继续往森林的更深处走去，忽然听见了树干上赤腹松鼠的叫声，而森林里喧闹的鸟儿像被按了暂停键一样，停止了大合唱。我知道，肯定有猛禽飞进了这片森林，它是我们最危险的敌人。我不由打了个冷战，屏住呼吸，往草丛的更深处钻了进去，只露出眼睛来打量四周。

果然，一个黑影从天空中飞了下来，扑向我旁边的一处灌丛，一

北草蜥特写

被赤腹鹰捕猎的北草蜥

刹那，黑影又起飞了，它可怕的利爪上带着我的一个同类，我看不清那个不幸的同类是他，还是她。只看见长长的尾巴在利爪下无力地垂着，然后离我越来越远，和黑影消失在天空中。

我全身冒汗，心有余悸地躲在草丛中一动不敢动。

这时候旁边出现了一个声音："嘿，美丽的小姐，你还好吗？"

我循着声音传来的方向看去，原来是一位英俊的小伙子在关切地望着我。

"呃，你怎么知道我躲在这里？"我问。

"我刚才看到你的时候，那只赤腹鹰刚飞进森林里，我本来想提醒你的，可是已经来不及了，还好你机灵，躲进了草丛深处。"他眨巴着眼睛，微笑地看着我。

"哦，原来是赤腹鹰啊！"我掩饰着自己的尴尬，尽量保持淑女的样子，"那被赤腹鹰抓去的是谁？"

"那是我的小伙伴，他刚才吃得太多了，趴在灌丛上休息，谁料到就……"小伙子说到这里难过地低下了头。

"你不要难过，这森林里危险太多，也没有办法啊！趁现在赤腹鹰刚来过，其他的掠食者还没出来，我们赶紧找个安全的地方去。"

"好的，那你跟着我，我知道有个安全的土洞，我们去那边吧！"他说完就转身准备出发了。

我连忙跟上，一路上只见他不时地回过头来观察我是否紧跟着他，唯恐我掉队，当看到我跟在身后，才放心地朝我点头微笑，一旦我走慢了，他就会掉转头跟在我的身后保护我，于是我逐渐对他有了好感。难道他就是妈妈说的那位英俊小伙？

一路的悉心照顾，他已经赢得了我的芳心，到达土洞后，我们相爱了，互订了终身，最奇妙的是，在得到爱情后，我的身体颜色明显地变深，难道这就是"爱情的色彩"？他总是会出去给我找食物，叼着一嘴的食物回来给我。我们幸福地生活在土洞周围的森林里。空闲时，我们会在土洞口打闹嬉戏，两条长长的尾巴交织在一起，虽然一样长，但是我的尾巴可不像他的那么胖。

一个星期后，在命运的眷顾下，我们有了爱情的结晶，我将卵产在土洞内安全的地方，这些卵还会继续长大，然后孵化，它们并不受温度的影响，很有原则，在我体内是小伙子生下来就一定会是小伙子，是小姑娘就一定是小姑娘。

美好的生活总是很短暂，短暂到连这个夏季都没有过去，一天早晨我在土洞口晒太阳，忽然被一只巨大的野猫袭击了，我被野猫用爪子牢牢地按住，无法脱身，这只野猫似乎在戏耍我，它会忽然放开爪子让我跑几步，然后又用爪子按住我。这时，我亲爱的丈夫从土洞中冲了出来，将野猫的注意力吸引过去，便于我逃脱。果然野猫用另一只爪子按住了他，松开了按住我的爪子。只用一只爪子钩住我的尾巴。

“赶快断开尾巴逃跑，不要管我，照顾好我们的孩子……”话音未落，野猫用嘴咬住了他。我流着泪断开了长长的尾巴，跑进了土洞，当我看到土洞外面自己带血的断尾还在跳动，试图吸引野猫的注意时，忽然眼前一黑，晕了过去。

没过多久我醒来了，看着自己断尾处已经凝血的伤口，我的心却在流血，我意识到我永远失去了他。

三周后，我又长出了长长的尾巴，又一个三周后，孩子们破壳而出了，只是他们已经没有了爸爸。

天已经微凉，夏季已经过去，孩子们茁壮成长，已经离家独立生活，只有我还在每日思念着他。

夜晚，秋虫开始鸣叫，我也爬上枝干，用尾巴卷曲固定好姿势后开始睡眠。但愿每一个有梦的日子里都能梦到那个火热的仲夏，还有我和他那滚烫的爱情。

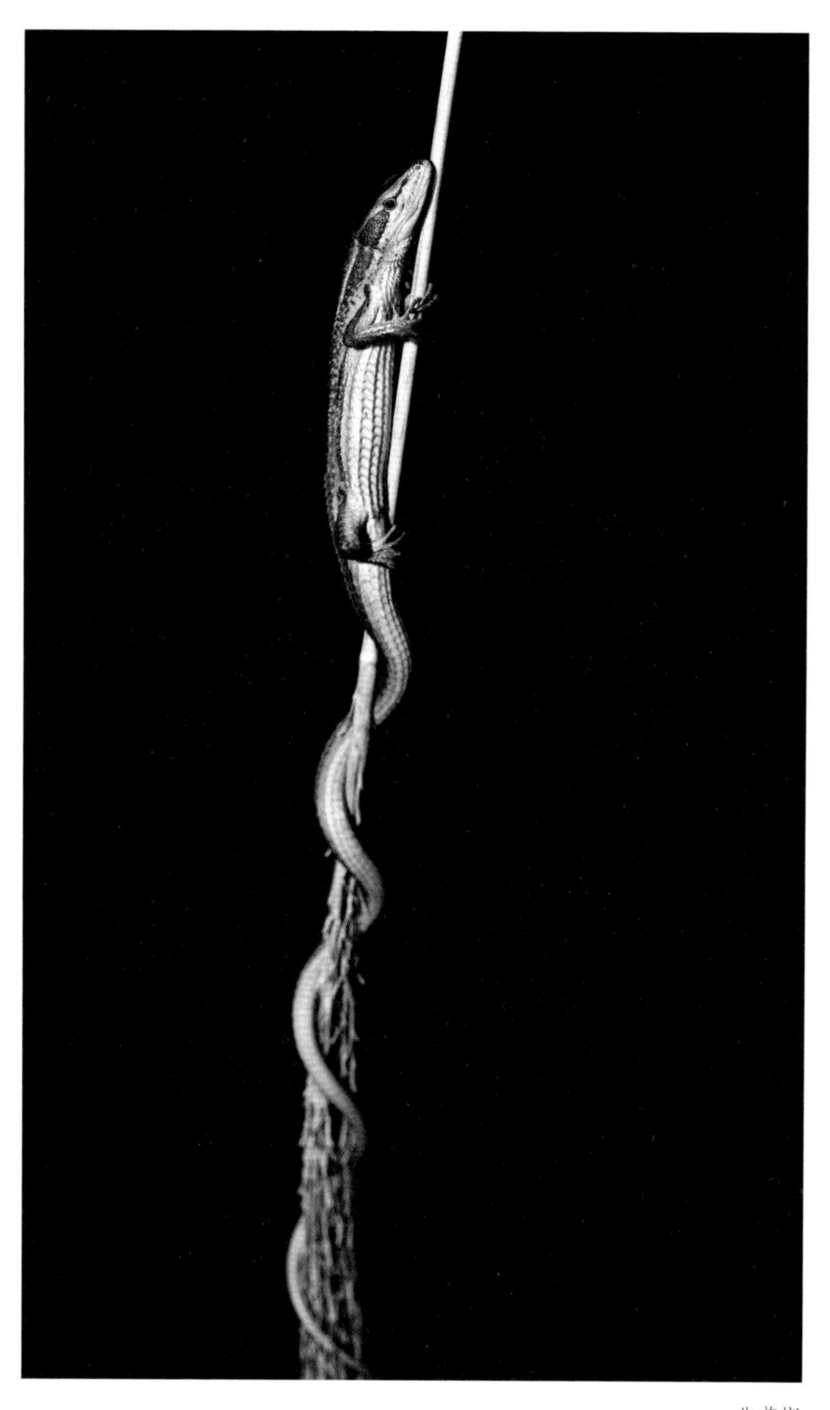

北草蜥

蛇之魅影

温顺的模特
——红纹滞卵蛇

记得小时候在野外水库、田间水塘和城市河埠头玩耍，经常可以看见水蛇。记忆比较深刻的是我还在读初中时，有一次去庞公池钓鱼，钓上来一条小鱼，因为太小，便扔在旁边水草间，继续钓鱼。过了一会，居然有一条蛇游过来吃这条小鱼，这蛇水性极佳，吃完鱼后马上

水中的红纹滞卵蛇

潜入水中的红纹滞卵蛇

就游水而去，当时我不知道这是什么蛇，但整个过程看得津津有味。只是后来庞公池被纳入西园，成为一处园林池塘，我就再没看到此类水蛇了。

长大后，我在拍摄两栖爬行动物过程中学习了很多相关知识，才知道小时候经常看到的这种水蛇就是红纹滞卵蛇。

红纹滞卵蛇又名红点锦蛇，俗称水蛇，它是半水性的蛇类，无毒，多栖息于河滨、溪流、湖畔、池塘及其附近田野、坟堆、屋边菜地或水沟内，食鱼类、蛙类（及其蝌蚪）、螺类及水生昆虫。红纹滞卵蛇有些个体攻击性很强，会不断地扑咬。红纹滞卵蛇的名字也反映出其独特的繁殖方式——卵胎生。

什么是卵胎生呢？卵胎生就是指动物的卵在母体内发育成新的个体后才从母体产出的生殖方式。其中胚胎发育所需营养主要靠吸收卵自身的卵黄，或只在胚胎发育的后期才与母体进行气体交换，或与母体输卵管进行一些物质交换。这是动物对不良环境的长期适应形成的繁殖方式，实际上母体对胚胎主要起保护和孵化作用。这种独特的繁

红纹滞卵蛇

殖方式，改善了胚胎和幼体的发育环境，使得红纹滞卵蛇的孵化存活率比那些卵生的蛇高多了。

一晃多年，直到2016年4月的一天，我在一个自然保护区的小水洼中再次与它偶遇。这条红纹滞卵蛇性格比较温顺，任由我拍摄，绝对是个好模特。我甚至用了水下相机拍摄了它水下的照片。不过，显然我不知疲倦的拍摄使它不耐烦，它开始游出水面。当我在陆地上准备用广角镜头给它拍摄带生境的照片时，它对我的镜头产生了好奇，连续攻击镜头两次，试图扑咬。虽然是无毒蛇，但是因为它生活在野外，口腔中含有很多细菌，咬到的话可能会感染，因此我不得不放弃了更近距离的拍摄，保持一定安全距离后，拍摄了一些它吐信子的特写照片。之后，看着它慢慢游入草丛，潜入水中。

红纹滞卵蛇吐信子

唬人的小家伙
——钝尾两头蛇

初夏时节，天气有点闷热，我在樱花园里寻找寿带鸟。按照惯例，寿带这个季节会到这片园林里来筑巢繁殖，它们生性警惕，选巢地址也相当隐蔽，所以我会花很多时间去寻找。樱花园入口处是条通往一家五星级酒店的柏油路，旁边就是山林，环境幽静，植被茂盛，是夏季纳凉的好去处。

我寻鸟儿未果，正坐在路边歇息，忽听不远处有人喧哗。只见两个酒店工作人员正在嚷嚷着“打死它、打死它”。我好奇地跑过去一看，发现他们准备对一条体型巨大的“蚯蚓”痛下杀手，我赶紧上前阻拦。原来这是条钝尾两头蛇，这家伙可不容易碰见，我在野外只碰到过它一次，而且还是尸体。这次碰到的是完好无损的一条活体钝尾两头蛇，必须把它保护下来。两人见我阻拦，就问我，这是什么东西？蛇吗？怎么首尾看起来有两个头？有没有毒？有没有攻击性……

一连串问题，我赶忙一一解答，因为怕他们以后看见这种蛇还要去打死，所以我很详细地告诉他们这种蛇叫钝尾两头蛇，无毒，看着唬人而已，可没有攻击性，以后看见它，不要去伤害它，让它自行离开或者用木棍把它挑到山地间即可。然后，我还特意用手小心翼翼地将钝尾两头蛇拿在手上，给他们展示蛇的头和尾。两人见这条蛇并没有什么攻击性，还很温顺地缠绕在我手中，眼中恐惧之色也慢慢消失。我又叮嘱了他们几句，让他们不要轻易伤害蛇类，尽量把误入酒店的蛇类转移放生，或者打专业的野生动物救助电话进行处理。

我找了个塑料瓶子，把蛇装入，准备找一个人迹罕至的地方，拍几张照片后将它放生。

在此期间，我仔细地观察了一下钝尾两头蛇。钝尾两头蛇长 40 厘米左右，远看的话会让人以为是一条蚯蚓。不过说到蚯蚓，钝尾两头蛇是以蚯蚓为食物，因此它也和蚯蚓一样，生活在阴暗的泥土中，行动隐密。钝尾两头蛇最出色的本领就是它尾部和头部非常相似，这是一种保护手段，用尾部拟态头部来迷惑天敌，让对方不知道攻击哪

钝尾两头蛇

头好，从而逃避天敌的猎捕；即使真的被攻击了，只要攻击的不是头部，它尚有一丝保命的机会。钝尾两头蛇还有一个特殊的技能——倒着爬，配合上头尾相似这个特点，更能迷惑天敌和猎物。

虽然钝尾两头蛇的身体和行为特点在大自然历史长河中演化得趋于完美，但是这也给它们招致了灭顶之灾。或许人类基因中镌刻着对蛇类的畏惧，加之有些人认为两头蛇是不祥之物，使得很多人对蛇，特别是对钝尾两头蛇，还是采取见之打死的手段。

我找了一个无人知晓的地方，将瓶盖打开，让它缓慢自行爬出，当然我还用相机加闪光灯拍摄了几张科普照片，毕竟我从没好好拍摄过它。在拍摄的过程中，我发现它的蛇鳞在闪光下非常漂亮，竟然让我恋恋不舍，舍不得将它放归山野。但我知道，它是属于大自然的，不放归山野必会死去，放它回山林才是最正确的方式。我目送着它缓缓滑入泥洞，不知道今后它会面对些什么。

钝尾两头蛇吐信子

头部和体表鳞片特写

偏爱软蛋
——中国小头蛇

2019 年 6 月 8 日，我在秦望山附近的山林里拍摄昆虫，徒步行走在林道中，发现前面有一条蛇，快步上前查看却发现是已遭遇“路杀”的中国小头蛇。我把它的尸体移到路边的草丛里，希望不要再被车辆继续碾压。

记忆被悲伤牵引出来，我想起了与中国小头蛇在数年前的两次相遇。

2013 年的初夏，市区一个老旧小区里有居民报警称屋内有蛇，需要专业人士捕捉，于是我匆匆出发了。房子阴暗潮湿，我在床下发现了蛇，由于看过相关图鉴，判断出它就是中国小头蛇，为无毒蛇。一开始它还不断朝我作势攻击扑咬，几个回合下来，它忽然全身软塌下来，趴在地上不动了——装死。这样的行为显然不会让我罢手，于是我趁机把它抓住放进了捕蛇袋中。之后，我把蛇带到野外放生，当把它从蛇袋里倒出时，它并不像其他蛇类一样，重获新生，马上奔向自由，居然还在装死，并且我注意到它的尾部卷成了弹簧状，整个身体像一个棒棒糖。这是中国小头蛇有趣的行为，是在受到惊吓后才会

中国小头蛇

表现出来的行为特点。于是我退后几步，不动声色地继续观察，两分钟后，它开始放松并吐着信子* 观察四周，然后滑入了草丛中。这是我第一次和它相遇，没想到小家伙这么胆小，不知道它下次还有没有这么幸运了。

2014 年的夏天，我在野外碰到了一条中国小头蛇。之前我查过资料，了解了中国小头蛇的一些习性。它主要是吃壁虎、蜥蜴等爬行动物的卵。它具有刀刃状的牙齿，很轻易就可以将蛋壳咬碎，然后它的小头就可以伸进蛋壳里，取食蛋清和蛋黄。虽然中国小头蛇没有毒性，但是由于它的牙齿为刀刃状，所以被它咬伤可不是闹着玩的。我想仔细观察一下它，于是就抓住它的头，看到了它口中的刀刃状牙。因为想验证它是否真的吃鸡蛋，于是我将它放在塑料箱子里，并特意放了个破碎的鸡蛋。第二天去看，蛋清果然被吃了很多。该放它回去了，我来到之前发现它的位置，将箱子打开，看着它悠然离开。

这个小家伙，不管是因胆小而卷曲的尾巴，还是特殊的牙齿及吃蛋的本领，都非常有趣。

中国小头蛇喜食爬行动物卵的习性，导致它慢慢将上颌后方的牙齿特化变大，进化出了宽而扁易于划开蛋壳的上颌齿。不过，虽然中国小头蛇能快速而轻易地割破鸡蛋壳，但却无法割开鸟类的硬质蛋壳。所以，每当中国小头蛇在野外寻觅蛋的时候，它希望找到的都是软蛋。

---

* 蛇的舌头又叫“信子”，细长而有分叉，并且总是不停地吞吐着。

艳丽而无毒
——赤链蛇和黄链蛇

自然界中各种各样的动物，大多数是为了适应栖息环境而演变出不同的体表颜色。而我们人类都比较偏爱体表颜色美丽的物种。比如鸟类中身披八种颜色体羽的仙八色鸫，名字中的“仙”字，足以说明它的美丽超凡脱俗；哺乳类中的东北虎，体表花纹异常美丽，历来为人所推崇；两栖动物中南美洲雨林里的箭毒蛙，也因美丽的体色受到两栖宠物市场的欢迎。而爬行动物蛇类中，拥有美丽体表颜色的不在少数。我们一般认为，体色鲜艳的蛇，含有明显警告的意味，大多为毒蛇；而体表颜色灰暗、便于隐藏的，大多为无毒蛇。然而这种说法失之偏颇，比如我们常见的两种蛇——赤链蛇和黄链蛇，体表颜色鲜艳异常，但它们是无毒蛇，悲催的是，它们经常被当作毒蛇打死。

赤链蛇和黄链蛇都属于蛇目游蛇科链蛇属。我是个足球迷，在野外经常把它们两个比喻为两支很有名气的足球俱乐部——意大利的AC 米兰队和德国的多特蒙德队，它们的颜色和这两支足球俱乐部的主场球衣颜色一样。AC 米兰队球衣是红黑相间色，赤链蛇体表颜色也是红黑相间，有些赤链蛇的个体赤红色非常艳丽，远看如同赤链一样，俗称火赤链；多特蒙德队球衣是黄黑相间色，黄链蛇体表颜色也是黄黑相间，艳丽的一抹黄色让它得名“黄赤链”。熟悉我的小伙伴，在野外一起调查时，如果听到我大声喊出这两个队的队名时，就知道我碰到什么链蛇了。

这两种链蛇真的和我给它们取的队名绰号一样，都非常勇猛而具有攻击性，赤链蛇和黄链蛇会不间断地攻击、撕咬企图靠近它的任何物体，我曾经在野外碰到过很多次这样的情况，一旦接近它们，它们就会立刻弓起身子，形成弹簧状的姿势，吐信子示威。要不是我知道它们是无毒蛇，肯定会被它们的气势震慑住。这样的行为虽然在大多数情况下会吓退敌人，但是有时候却会适得其反，很多人误认为它们具有攻击性,所以会杀死它们。其实,蛇类遇到人类时,第一选择是逃跑，这两种链蛇也不例外。所以如果你在野外与它们狭路相逢，请对它们宽容点，让它们安静离开就好。

赤链蛇吐信子

赤链蛇

在野外有些赤链蛇很胆小，我就遇到过把身子盘起来，把头部保护起来的情况。这其实是大多数蛇类的保护选择，毕竟头部受到攻击，身子再完好也没用了。只是我不断拍照的行为让它忍无可忍，它最后还是向我发起了扑咬攻击。

赤链蛇是我在夏季野外遇见率最高的蛇，也是我国分布最广的蛇种之一，它栖息的环境多样，山地、田间、丘陵，甚至城市里都有出没。但黄链蛇在野外遇见率相对低了许多，因为黄链蛇不像赤链蛇那样栖息环境多样，它主要还是栖息在山地中。赤链蛇是个有名的贪吃鬼，会吃一些动物尸体，甚至吃被汽车压死的其他蛇类或同类的尸体。黄链蛇的名声就好多了，反正我在野外没看到过它有这种进食的癖好。

最后，还是要提醒大家：赤链蛇和黄链蛇虽然无毒，但也不要轻易去招惹它们，毕竟被咬上一口还是很疼的；如果你还好奇去摸它们的身体，那么你肯定会恨不得剁了自己的手，那种酸爽、奇怪的气味能让你后悔一辈子！

黄链蛇

拟态高手
——虎斑颈槽蛇

虎斑颈槽蛇，也被称作虎斑游蛇、野鸡脖子，遍布我国大部分地区，属于半水栖的日行性蛇类，因此我们平常白天在池塘、湿地、农田等水域附近会与它偶遇。不过它的性情机警胆小，稍有风吹草动就会快速逃入水中，或者躲进茂密的草丛中，所以要把它观察清楚也是件不容易的事。那么就由我来给大家介绍一下它吧！

艳丽色彩

虎斑颈槽蛇的身体以草绿色为主，颈部至身体前三分之一段则是鲜艳的橘红色，还长有很多横向的黑色条纹，头部也具有黑色斑纹，这些都很形象地体现了它名字中“虎斑”的特点。一般来说，物种体色艳丽容易被天敌发现，但这也是需要结合环境分析的，不能一概而论。虎斑颈槽蛇喜欢躲藏在杂草丛中，它绿色身体上杂乱无章的花纹和茂密的草丛融为一体，令试图攻击捕食它的动物眼花缭乱，很难发现它，所以说这艳丽的色彩是它的保护色。

其实，艳丽的色彩还是虎斑颈槽蛇的警戒色。一旦虎斑颈槽蛇离开了草丛来到土地上，没有了环境色彩的掩护，身体在暴露的环境中就成为夺目的红、黑、绿三色互为组合的警戒色，这种警戒色是在警告捕食者：我有毒！离我远点！

拟态高手

虎斑颈槽蛇是一种拟态水平很高的蛇类，碰到危险的情况，它会将自己身体的前半部分立起来，让脖颈部分的肋骨张开，呈现出扁平的样子，使自己的身体看起来更加粗壮庞大，并且发出“嘶、嘶、嘶”的声音，有时还会做出不断扑咬的动作。这样的描述大家肯定很熟悉，这不就是在模仿那骇人的眼镜蛇吗？确实，虎斑颈槽蛇是拟态的高手，这是它为了生存下去而发展出来的一项技能。试想一下，如果你在野外碰到这样一条颜色艳丽，又如眼镜蛇一样不断对你发起攻击的蛇时，

拟态的虎斑颈槽蛇背面（王瑞摄）

拟态的虎斑颈槽蛇（王瑞摄）

你肯定落荒而逃了。

不过，由于地区个体间的差异，并不是所有虎斑颈槽蛇都会做出这样的拟态行为，我在浙江地区野外遇见过两条虎斑颈槽蛇，都不具有这样的拟态行为，而在山东威海碰到的虎斑颈槽蛇，基本每条都会使用该项技能。这些行为差异，只能留待以后蛇类学家进行科学研究了。

断尾求生

虎斑颈槽蛇大概与壁虎是很好的小伙伴，因为它居然也学会了壁虎的独门绝技——断尾求生。有一次在野外我碰到了一条体长 70 厘米左右的虎斑颈槽蛇，我抓住它的尾巴（三四厘米的地方），它居然开始疯狂旋转，像鳄鱼的死亡翻滚一样，结果几圈下来，它的尾巴就断了，断下来 4 厘米左右，断掉的尾巴还能动，而它早趁我全神贯注看着断尾的时候溜走了。后来为了验证这不是一次偶发性事例，我碰上其他虎斑颈槽蛇时也用相同的办法尝试，结果它们都会旋转身子，但如果你提它身子的部位在它泄殖腔之前，它就不会旋转了。毕竟，舍弃小段尾巴没啥大影响，泄殖腔只有一个，豁出命也得保！

微毒也毒

虎斑颈槽蛇是达氏腺毒蛇，国内一度把它定义为微毒性的蛇类，

水中游动的虎斑颈槽蛇（王瑞摄）

其实不然。它的“毒牙”在上颌后部，但是因为这个“毒牙”表面无沟也不中空，而只是毒腺靠近最后的特化上颌齿，所以毒液是在咬和咀嚼的过程中顺着牙进入伤口，因此这个“牙”不是准确意义上的毒牙，更不是后沟牙，所以虎斑颈槽蛇不是后沟牙毒蛇。它不仅可以从食物中积累毒素（蟾蜍毒素），还可以自己分泌毒素（见日本学者 2012 年 5 月亚洲两栖爬行动物学大会报告）。而国内很多爬宠爱好者养殖虎斑颈槽蛇，想当然地认为不喂食蟾蜍，即使被虎斑颈槽蛇咬了也不会有事，这种论断显然是错误的。虎斑颈槽蛇在被捕获或骚扰时蛇颈部颈腺也会分泌乳白色毒液，如果这些毒液接触软组织或黏膜则会引发剧痛，若触及伤口则会产生中毒症状。

在我国香港和台湾，虎斑颈槽蛇被列为毒蛇，而日本早已把虎斑颈槽蛇列为致命毒蛇，而且已经有死亡案例。国内也有很多被虎斑颈槽蛇咬伤后出现严重反应的事例，所以对于虎斑颈槽蛇，大意不得哦！

虎斑颈槽蛇

捕鼠大王
——黑眉锦蛇

炎炎夏日，在江南城区最容易遇到的蛇类，就是黑眉锦蛇。

黑眉锦蛇属于蛇目游蛇科游蛇亚科晨蛇属，头和体背黄绿色或棕灰色；眼后有一条明显的黑纹，体背的前、中段有黑色梯形或蝶状斑纹，略似秤星，故又俗称为秤星蛇；由体背中段往后斑纹渐趋隐失，但有4条清晰的黑色纵带直达尾端，中央数行背鳞具弱棱，这些特点让它在野外容易被人辨认。黑眉锦蛇因为异常喜食鼠类，常因追逐老鼠出现在农户的居室内、屋檐及屋顶上，在南方素有“家蛇”之称，被人们誉为“捕鼠大王”。黑眉锦蛇分布于低海拔的各类生境，属日行性蛇类，其攀爬能力非常强大，能攀爬游行于高大的树上或者屋檐上捕食猎物。在野外受到惊扰时，黑眉锦蛇会有明显的噬咬攻击行为。它的食物主要是鼠类、鸟类、蛙类以及小型蛇类，有时也会猎食鸟卵或者昆虫。在我国四川、贵州等地，有人称它为菜花蛇，但是我们江南地区却普遍称呼王锦蛇（另一种蛇类）为菜花蛇。

黑眉锦蛇，也被称为黑眉晨蛇、黑眉曙蛇。其原先的学名 *Elaphe taeniura*，翻译过来就是黑眉锦蛇，其中 *Elaphe* 指锦蛇属。后来基

白天，攻击扑咬的黑眉锦蛇

于 DNA 序列分析，锦蛇属被拆分，黑眉锦蛇学名变更为 *Orthriophis taeniura*，其中 *Orthriophis* 指晨蛇属。虽然学名改了，但是由于中文名已经叫惯了，所以还是可以称呼它为黑眉锦蛇。那么，黑眉曙蛇又是什么鬼？原来这是个翻译的问题，“曙”即“晨”，这下大家明白了吧？

我在野外多次遇到黑眉锦蛇，它虽然容易被人激怒，不断扑咬攻击，但它可是无毒蛇。

夜晚，示威的黑眉锦蛇

蛇之视界
——玉斑锦蛇

我拍摄过一张很有趣的蛇类摄影作品:《蛇之视界》。照片的场景是:蓝天白云下,我趴在地上,用双头闪光灯拍摄玉斑锦蛇的头部、眼部特写,在它的眼睛里,映照出了当时拍摄的情景。

蛇之视界(玉斑锦蛇头部特写)

玉斑锦蛇颜色艳丽，所以经常被人误会是毒蛇而被打死，其实它是无毒蛇（当然也有微毒的说法，但是它对人体基本不会造成伤害）。因为它美丽如梦幻般的色彩，也被称作“美女蛇”或者“神皮花蛇”。它一般吃小型哺乳动物，如鼠类等，所以在野外少见的它们会经常出现在农村的房前屋后。

我在野外一共碰到过玉斑锦蛇三次，《蛇之视界》这张照片是第三次拍摄的，前两次在野外碰到玉斑锦蛇，因为对它不是很了解，所以拍摄的仅是整体或者长焦特写的局部照片。

后来通过查阅文献，了解到玉斑锦蛇体长可以达到 1.4 米，且个性温顺，不会突然攻击人，在受到人为干扰或攻击时，会有装死的行为。所以第三次在野外碰到玉斑锦蛇时，我就从容了很多。这条玉斑锦蛇大概有 1.1 米，体色艳丽，当我抓住它后，它的反应并不强烈；当我将它放到地上时，它居然出现了装死的行为，一动不动地趴着。于是我赶紧也趴到地上，用微距镜头贴近它的头部，焦点对着它的眼

玉斑锦蛇吐信子

睛，拍摄了一张特写。很多人看了这张照片后都很惊讶，怎么能够这么近距离地拍摄蛇头和眼睛的特写？其实只要他们了解到玉斑锦蛇性格温顺、无毒、装死、不易攻击人的特点，应该也敢这么近地拍摄。

玉斑锦蛇的生存面临着危机。因为体色漂亮和性格温顺，它在爬行动物市场受到追捧，于是很多捕蛇人会去野外捕捉后贩卖，这使得野外数量本就不多的它们，种群数量不断下降。其实玉斑锦蛇很不容易养活，饲养时容易暴毙，成活率极低。

随着野生动物市场贸易、野外捕捉等方面立法执法、保护管理力度的加大，以及社会各界在科普宣传方面的投入和努力，这种“美女蛇”的明天应该会更好。

玉斑锦蛇

蜗牛杀手
——中国钝头蛇

初见中国钝头蛇，印象颇深。夜晚独自走在自然保护区的山路上，它缓慢地在我头顶的树枝上攀爬，我当时根本没有注意到。不经意地抬头看天上的星星时，手电筒的光亮里出现了它的身影，我被吓得够呛，以为是剧毒的福建竹叶青蛇，等到冷静下来才发现，这是一条中国钝头蛇。

中国钝头蛇因为体型纤细，喜欢在树枝和灌丛中活动，因此被南方老百姓叫作“柴杆蛇”，这个叫法我很赞同，非常形象地道出了这种蛇的体型特点和行为习惯。但是，很多人并不知道中国钝头蛇有个非常有趣的外号“蜗牛杀手”，那么让我们来看看这个“蜗牛杀手”是不是名副其实。

中国钝头蛇吃蜗牛——咬住
（章渊清摄）

中国钝头蛇的食物菜单上主要有两种生物：蜗牛和蛞蝓，当然它偶尔也会加点小菜，吃点小鱼什么的。大家肯定纳闷，蜗牛怎么吃啊？蜗牛带着一个坚硬的外壳，遇到危险还会把身体钻进壳中，中国钝头蛇又没有手指去掏，难道把整个蜗牛吞下肚子吗？

“蜗牛杀手”当然有它的独门绝技，首先它的头部构造是非常适合捕捉蜗牛的，中国钝头蛇的头部就如它的名字一样，仿佛是被刀削了一样扁平，这样的窄小头部结构很适合它探到蜗牛壳里，把蜗牛肉拖拽出来。虽然拥有了合适的头部，但远不足以顺利捕食到蜗牛，我们来研究一下中国钝头蛇的牙齿，它下颚的牙齿左右两侧可不一样，左边数量远比右边的多，因此它们在吃蜗牛的时候可以用下颚的左右侧牙齿掏蜗牛肉。那么左右牙齿数量不一样会带给中国钝头蛇怎样的捕食便捷性呢？我们仔细观察一下蜗牛，蜗牛壳的螺旋形式不一样，有些蜗牛是左旋，有些是右旋，正因为中国钝头蛇下颚牙齿左多右少的特殊结构，使得它很方便地掏右旋蜗牛壳里的肉，反之要掏左旋蜗牛的肉就麻烦了。不过，自然界非常神奇，蜗牛世界里，左旋的蜗牛很少哦，一般都是右旋的蜗牛，数量庞大，足以养活中国钝头蛇。再说还有蛞蝓之类的美食。猎食完蜗牛或者蛞蝓后的中国钝头蛇，还会

中国钝头蛇吃蜗牛——伸入后沟牙吃
（章渊清摄）

中国钝头蛇吃蜗牛——吃完蜗牛剩下壳
（章渊清摄）

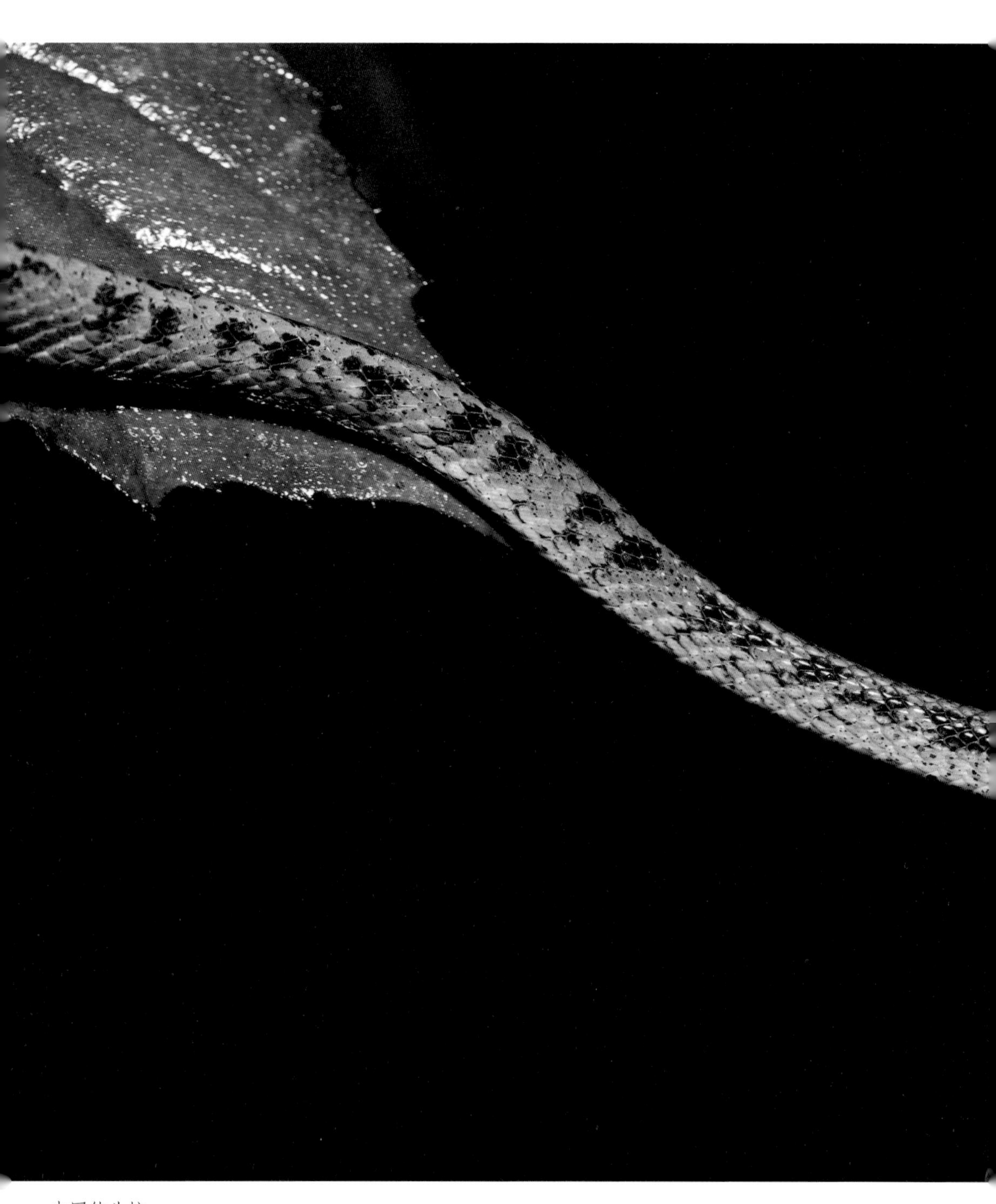

中国钝头蛇

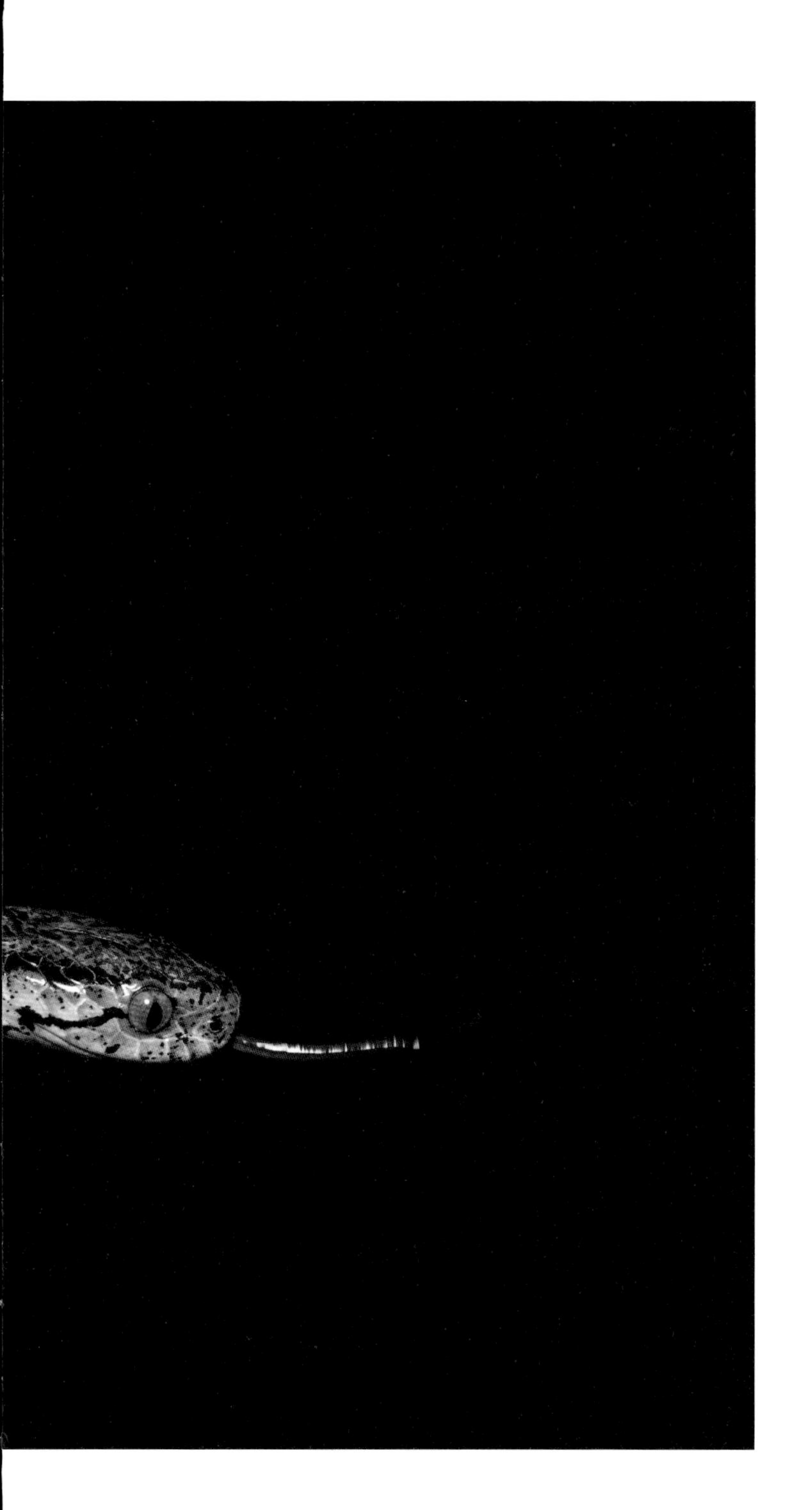

把蜗牛或者蛞蝓身上分泌的滑液吐出来，试想一下，一条大眼睛的小蛇流着口水的样子会有多呆萌。

当然，并不是只有中国钝头蛇是“蜗牛杀手”，台湾钝头蛇、阿里山钝头蛇、棱鳞钝头蛇等钝头蛇属的成员,都是优秀的“蜗牛杀手”。

中国钝头蛇常见于我国四川、云南、贵州、浙江、安徽、江西、福建、广东、广西等地。

在野外碰到中国钝头蛇，如果你抓住它后，它有时会应激反应，在泄殖腔处排出难闻的液体，这种液体如果沾在你的手上，需要用肥皂清洗很多遍才能去除异味。所以在野外碰到中国钝头蛇，还是不要去触碰它，安静地观察就好。如果你运气足够好，就能看到它巧妙地猎取蜗牛或者如吃面条一样吞食蛞蝓的精彩瞬间。

真假金环蛇

——刘氏白环蛇

野生动物调查是一项复杂而高难度的工作，调查队员要在野外应对气候、环境、野生动物等不确定因素。当然，还需要向巡山护林员、村民和经验丰富的户外活动爱好者取经，这些人常年涉足野外，通过他们的描述，我们大致可以得到一些物种及其种群分布的信息。有时候，这些信息能帮助我们找到很多物种。

每到一处山村，我总喜欢抽些时间与村子里的老人聊天，他们跟我提起这几种毒蛇：蕲蛇（尖吻腹）、犁头扑（舟山眼镜蛇）、狗乌扑（短尾蝮）、竹叶青（福建竹叶青）、金环（金环蛇）、银环（银环蛇）、烙铁头（原矛头蝮）。这些蛇我大都在野外调查时碰到过，但金环蛇除外。于是我好奇地询问他们看到的金环蛇长什么样，结果描述的都和银环蛇差不多，只是颜色上有差异，是金色和黑色相间。

我带着疑问查阅各种资料和历史文献，都没发现金环蛇在绍兴有记录，甚至在浙江，也没有明确的记录。而金环蛇在我国的分布区域中，也没有浙江。那么村里老人看见的到底是什么蛇呢？

分析一下他们讲的话，应该是不假的，他们肯定是看到了一种和

刘氏白环蛇

金环蛇在头型、体型、颜色、花纹上极其相似的蛇。那么浙江区域内有哪些蛇与金环蛇体型、颜色、花纹上相似？然后用排除法逐一排除，经过认真判断、分析，筛选出了两种蛇——黄链蛇和刘氏白环蛇。

黄链蛇，头型、体型、花纹还是很像的，只是颜色虽是黄色，但不是金黄色，并且黄链蛇比较凶猛，金环蛇比较温顺，所以是黄链蛇的可能性不大。

刘氏白环蛇，头型、体型、颜色、花纹全部相似，相似度很高，生性也比较温顺，所以它的可能性是最大的。此外，刘氏白环蛇属于白环蛇属，而与银环蛇在野外难以分辨的黑背白环蛇也是白环蛇属的。

于是，我又特意带着黄链蛇和刘氏白环蛇的照片，跑了一遍村子，3 位老人指出他们看到的就是刘氏白环蛇，1 位老人指出是黄链蛇，由此暂且把刘氏白环蛇作为正确答案。

然而，我并没有将刘氏白环蛇放入《绍兴两栖爬行动物》一书中，因为毕竟没有实际的影像资料为依据。

虽然我在绍兴还未遇到刘氏白环蛇，但是在杭州天目山国家级自然保护区调查时拍摄过，大家来认识一下这种酷似金环蛇的蛇吧！

刘氏白环蛇头部特写

有味道的王者
——王锦蛇

夏季行走在浙东山区的四明山山道上，走累了歇脚在一处村口的老枫树下，有很多村民聚在此纳凉。我与一位老人闲谈中聊到了蛇。老人说这边不远处有个冷水潭，附近有条巨大的蟒蛇，足足有成人手臂般粗壮，有时去水潭边会碰到。可是浙江并没有蟒蛇分布，我估计他把王锦蛇误认为蟒蛇了，于是翻出手机里存着的王锦蛇照片给老人看，老人说就是它。我很兴奋，这么大的王锦蛇不是什么地方都会有的，我想去会会它。之后，我去了冷水潭，虽寻觅很久也未曾见到那条巨大的王锦蛇，但我还是很欣喜，能够在野外长成这么大的体型，说明它的栖息地环境适宜，且食物链已形成良性循环。

王锦蛇属于大型蛇类，无毒，分布很广，俗称有很多，但是我印象最深的有两个，一个是“大王蛇”，另一个是“臭灰蟒”。

“王”字何来？有两个原因：一是与王锦蛇身体花纹相关，它头部花纹结构很特殊，头顶黑色的条纹很明显地构成了“王”字样，从正面看上去威武无比。一般来说动物界中带“王”字的，可都是相当厉害的角色，比如大型猫科动物老虎前额有个“王”字，被称为“百兽

王锦蛇头部王字特写照片

之王”。王锦蛇虽然不能称霸群蛇（眼镜王蛇、蟒蛇等更厉害），但也差不多是“一蛇之下、万蛇之上”了。二是与它的体型相关，王锦蛇体型巨大，面对一切体型比较小的蛇类，不管是有毒的还是无毒的，它都会毫无顾忌地上前把它们吃掉，比如王锦蛇会利用体型和速度袭击毒性很强的、慵懒的五步蛇。俗话说得好，“一处有王锦，四周无五步”。所以说，王锦蛇确实是王者，实至名归。

王锦蛇的肛腺能分泌出气味，对于它自己来说是一种正常的味道，但对人类来说这个味道实在是太臭了，如果你用手接触过它的身体，很难用水洗去这种味道，必须得用香味浓郁的肥皂清洗数遍才行。释放臭味其实是很多蛇类的自保手段，巨大体型的王锦蛇也用这种方式，难道

王锦蛇

也是为了自保吗？其实王锦蛇的臭味分泌区别于那些小型蛇类因应激行为而产生的臭味分泌。体味臭是王锦蛇的一大特点，不过它在应激状态下会产生更多的臭味分泌物。黄绿间隔着灰黑色的体表颜色,体型又巨大，它被人们形象地称为“臭灰蟒”。所以，王锦蛇是有味道的“王者”。

然而凶猛的性格、臭臭的体味仍未能阻止王锦蛇成为某些人的盘中餐。它巨大的体型被蛇贩子称为肉多肥实，它的臭味也被商家标榜为纯正野生。王锦蛇在自然山野中已经岌岌可危，大量的捕捉贩卖等违法行为使得它的野生种群数量急剧下降。

我们要树立正确的饮食文化观，拒绝食用野生动物，并努力地宣传保护它们。

王锦蛇侧面

致命的 cosplay
——黑背白环蛇与银环蛇

“赵老师，你怎么敢抓这种毒蛇，被它咬中很危险的，它可是中国第一毒蛇啊！”我带学生在野外实习寻找蛇类的时候，如果遇到了黑背白环蛇，我都是用手中的蛇钩辅助一下后直接把它抓起来给学生观看，其中一些具备蛇类知识的学生会以为这是银环蛇而焦急地提醒我注意安全。其实这并不是剧毒的银环蛇，如果是银环蛇，我可没有这么大的胆量，因为银环蛇是中国陆地上最毒的蛇哦！

体型、色彩长得很像的两种蛇——黑背白环蛇与银环蛇，前者无毒，后者剧毒；前者属于游蛇科白环蛇属，后者属于眼镜蛇科环蛇属。在野外，对于这两种蛇的区分要非常仔细和小心，如果麻痹大意看错物种的话，就可能招来“杀身之祸”。

正因为银环蛇的毒性很强，一些无毒蛇都 cosplay 银环蛇，不仅有极为相似的黑背白环蛇模仿银环蛇，还有如双全白环蛇、福清白环蛇、细白环蛇、刘氏白环蛇等。毕竟在弱肉强食的野外，能顶着陆地第一毒蛇的名号，肯定吃得开。

不过热爱自然的我们行走在野外，确实要懂得如何辨识这两种蛇，以下几个方法就是我经常在野外区分这两种蛇的常用方法，希望对大家有帮助。

首先是两种蛇的环纹大小。黑背白环蛇的环纹间隔大小要比银环蛇大，尽管黑背白环蛇幼体的环纹和银环蛇非常相似，但是野外碰到成体的概率要远远大于碰到幼体，因此碰到成体时，这个区别方法是很管用的，当然如果结合下面几个其他特征进行判断会更准确。

其次是身体的背脊线明显程度。黑背白环蛇的背脊线非常不明显，而银环蛇的背脊线非常明显，所以这个方式可以很准确地分辨出两种蛇。

再次可以看蛇体的尾部粗细。黑背白环蛇的尾部是很自然的变细，而银环蛇的尾部是突然变细，极不自然。

黑背白环蛇

黑背白环蛇吐信子

银环蛇

银环蛇特写

黑背白环蛇有趣的一幕

最后可以看蛇的头部白斑和环纹颜色。黑背白环蛇头部白斑很大，并包裹着蛇头和颈部交界的区域，银环蛇的头部白斑比较小并呈独特的“∧”形，当然这个特征仅适合判断两种蛇的幼体，因为长大后，这两种蛇的头部白斑都会变浅消失；而环纹颜色，黑背白环蛇的白环会略带灰色，银环蛇则是白色。

这几种方法，在野外我经常会用到，当然还有其他一些判断方法，如观察背脊鳞片、看腹部颜色等方法，这些方法因为要过于接近蛇体才可以使用，而银环蛇相当危险，所以就不建议使用了。以上几种判断方法在野外一定要相互结合、综合使用，只用单一的判断标准是不保险的。如果运用上述方法还是不能明确判断出是哪种蛇，那么我建议大家放弃判断，保持一定距离，谨防被咬伤。

神奇的大自然往往具有欺骗性，黑背白环蛇通过 cosplay 银环蛇在野外纵横，但是物极必反，一些不懂蛇类专业知识的人在野外看到黑背白环蛇会以为是剧毒的银环蛇，有时候会将它打死，所以黑背白环蛇的这种 cosplay 对它自身也是致命的。而对我们热爱自然、喜欢两栖爬行动物的人来说，这样的事只能说明我们的自然科普宣传还不够到位，如果普通的老百姓都知道如何分辨相似的蛇类，那么，更多的物种会被正确对待和保护，我们地球的生物多样性也能更加丰富。

夜间模仿秀
——绞花林蛇和颈棱蛇

模仿秀就是有人利用道具和行为来模仿明星或他人行为举止的表演或演出。在大自然，众多的生物也会互相模仿，我们把这种模仿行为称作拟态行为。爬行动物中也存在着这种行为，其中蛇类，特别是剧毒蛇类，往往会成为其他毒蛇或者无毒蛇拟态模仿的对象。爬行动物活跃的夏季，当夜幕降临，大自然中，一幕幕精彩的模仿秀正在上演。

绞花林蛇模仿原矛头蝮

原矛头蝮是一种在野外常见的剧毒蛇，它的毒性强劲，是管牙类毒蛇，血循毒类，咬伤后即感到灼烧痛，好像被烙铁烫了一样，故原矛头蝮在民间被称为“烙铁头”。我一直想一睹原矛头蝮的毒牙有多大，一次在天目山国家级自然保护区的野外拍摄中，我用高速快门拍到了它张大嘴巴攻击的一瞬间，在照片中，可以清楚地看到原矛头蝮的大牙齿，想象一下被这样大的牙齿咬上一口，注入毒液，是多么恐怖的事情！

而绞花林蛇是一种体型、花纹、颜色、行为特征都很像原矛头蝮的蛇类，它虽然是有毒的蛇类，不过有毒的后沟牙在口腔深处，咬人的时候通常不会触及，只有等它捕获食物开始吞咽时，后沟牙才会注毒，所以这种蛇对人的威胁并不大。不过它酷似原矛头蝮的长相，欺骗了很多人。烙铁一样的三角形头部、大小差不多的体型、深色块状斑纹和棕黄色的颜色，都足以让绞花林蛇成为模仿原矛头蝮的终极选手。

在野外碰到这两种蛇，如果没有十足的把握，千万要谨慎，因为原矛头蝮具有非常可怕的攻击能力，一不留神，你就会被它咬到。如果要在野外分辨这两种蛇，在保证安全的前提下，可从以下几方面辨识：一是原矛头蝮眼睛前有热感应颊窝，绞花林蛇没有颊窝；二是绞花林蛇头部鳞片为大块，原矛头蝮头部鳞片小而且密；三是绞花林蛇的尾巴比原矛头蝮的更长更细；四是看气质，原矛头蝮更具有剧毒蛇的气质，它无所畏惧地游动，从容地搜寻着猎物，当然辨认气质的前提是你必须要在野外勤加观察这两种蛇，不然可看不出来；五是看生

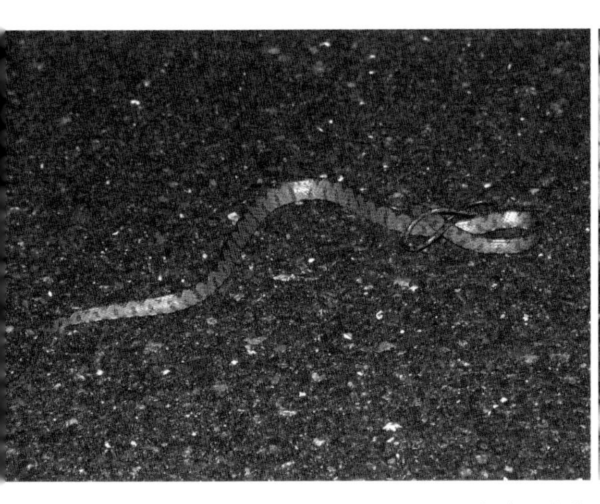

绞花林蛇整体

绞花林蛇正面

原矛头蝮攻击扑咬展露毒牙

原矛头蝮

原矛头蝮整体

境和食物，绞花林蛇是树栖型的蛇类，喜欢把鸟类、鸟卵、蜥蜴类等作为食物，原矛头蝮虽然也可以上树，但是一般成年后喜欢在地上捕鼠为食，如果你在地面发现，大概率就是原矛头蝮了。

我已经记不清多少次在夏季接到市里医院的电话，并发来照片让我帮忙确认是何种毒蛇咬伤，其中最多的就是原矛头蝮和绞花林蛇。我都是按照自己的判断如实告知，但是有些医生怕鉴定出错而惹出纠纷，于是不管是绞花林蛇还是原矛头蝮，都按照原矛头蝮咬伤进行处理，注射抗蝮蛇毒血清，这样一来，医生和患者都放心了。这便是模仿的最高境界，让人诚惶诚恐。

颈棱蛇模仿短尾蝮

一天，我在台州一处保护区进行野外调查，因为遇见了很多种蛇类，一时兴起，我把一条颈棱蛇拿在手里，让同伴帮我拍摄了一张我观察它的照片。我把照片发在微信朋友圈里，引起一众好友的刷屏。我发完朋友圈继续在野外工作，谁料接到了母亲的电话，她焦急地问

颈棱蛇

笔者在仔细观察颈棱蛇

我是否手拿着毒蛇在拍照，我这才反应过来母亲是担心我的安全，于是跟她解释这是颈棱蛇，不是剧毒的短尾蝮。

短尾蝮其貌不扬，三角形的头部，管牙状的毒牙，有热感应颊窝，体型较小，尾短且细小，正如它的名字里有“短尾”两字。当短尾蝮盘起来准备扑咬攻击的时候，形状好似一坨狗屎，所以有些地方也称它为“狗污扑”。

短尾蝮是我国的十大毒蛇之一，虽然不及银环蛇、尖吻蝮等毒蛇有名，但是它的繁殖特点、行为习性和生存环境，使得它成为我国咬伤人数最多的毒蛇。短尾蝮一般不主动攻击人，但是受到威胁后经常进行连续扑咬，且扑咬速度非常快。

那么短尾蝮为啥能长期霸占我国咬伤人数毒蛇排行榜第一的位置呢？一是短尾蝮分布广，且因为是卵胎生繁殖，所以它的后代存活率会高于其他蛇类，野外数量相对较多；二是短尾蝮适应能力强，几乎在我国绝大多数地区都能看到它的身影；三是短尾蝮很懒惰，喜欢静止不动，捕食采取的是守株待兔、突然袭击的方式，且体色和盘踞形态跟周围环境融合，以假乱真，在欺骗了捕食对象的同时，也迷惑了

短尾蝮特写

短尾蝮

颈棱蛇吐信子

人类；四是短尾蝮喜欢捕食蛙类、泥鳅、淡水鱼、蜥蜴、鼠类等，所以一般出没在田间地头，而在田间地头劳作的村民一般穿着凉鞋、拖鞋甚至赤脚，就容易被它咬伤。

而颈棱蛇模仿的正是这种最不受欢迎的毒蛇。

颈棱蛇的上颌齿有两枚特别大的向后弯曲的牙齿，形似后沟牙，并且它体型大小、花纹颜色、三角形脑袋、生存环境、繁殖方式都与短尾蝮非常相近，因此也被称作“伪蝮蛇”。颈棱蛇生性非常温顺，无攻击性，但是在受到惊吓时会模拟短尾蝮攻击的状态，把头和身体都变得扁平，好似要攻击。如果实在无法摆脱敌人的威胁，它会采取盘起身体、将头埋进身体里的“鸵鸟策略”。

凡事都有两面性，颈棱蛇模仿短尾蝮的操作在很多人看来，是极其成功的，毕竟面对一条“毒蛇”，不是谁都有胆子上前去挑衅的。但这种模仿也有其弊端，即颈棱蛇被误认为是短尾蝮，被打死的概率上升了。

当然，大自然的模仿秀舞台上，还有很多精彩的表演呢。

死亡之蓝
——福建竹叶青

竹叶青，是产自山西汾阳的名酒，还是产自四川峨眉的高山绿茶。而我要说的福建竹叶青，是一种非常美丽的蛇，是我国十大毒蛇之一，也是我们浙江山区最常见的蛇类之一。

2018 年 7 月的一天，我从野外赶回单位，看见老金已经在办公

守株待兔等待猎物的福建竹叶青

福建竹叶青特写

室等我了。老金是报社的记者，跟我出过多次野外，结下了深厚的工作友谊。老金看见我，边掏手机边说："老赵，等了你好久，有条颜色稀奇的蛇，麻烦你看看。"

我一屁股坐在凳子上，拧开水杯，"咕嘟、咕嘟"两大口水下肚，擦了把汗，嘿嘿一笑，接过老金的手机，是一条蓝色的蛇在草地上，我放大图片看细节，是福建竹叶青。问了老金发现的地点，是在绍兴市某山区，那就更没错了。老金一听是福建竹叶青，顿时不满地嚷道："老赵，你这是糊弄我呢？福建竹叶青我可随你在野外见得多了，都是青色的，这可是蓝色的，我网上也查了，蓝色的竹叶青可是有的，叫海岛竹叶青，是国外的物种，你说有没有可能这是国外的蛇，从养的人家里逃出来了？"

我笑着摇了摇头，对老金说："这蛇在绍兴发现，可以肯定地说，不会是海岛竹叶青，这是福建竹叶青濒临死亡或死亡后的变色，因为绿色是由黄色和蓝色两种色素混合而成，福建竹叶青在濒死时或者死

白天，隐匿在竹丛里的福建竹叶青

亡后，黄色素首先失去，所以整体的颜色会变为蓝色。老金，你不信可以打个电话问下那个爆料的人，看他拍的是不是死蛇。”

老金将信将疑地打电话过去求证，果然不出我所料，爆料人说是一条死亡的蛇。我还跟老金讲，这种体色变蓝的现象，也会出现在翠青蛇身上（翠青蛇的体色和福建竹叶青一样）。

老金听后，激动地说：“这个科普好，我得把它写成新闻稿，让更多的人看到。”

作为毒蛇，福建竹叶青伤人或者被人伤就在所难免了。

盛夏时节，我接到了一个保护区负责人的电话，说是他们那边有个护林员被蛇咬伤了，手肿得厉害，估计是毒蛇，蛇已经被打死了，用手机拍了照片，发过来让我判断一下是什么毒蛇。接完电话我觉得责任重大，毒蛇咬伤人后要抓紧就医，打血清进行急救，片刻都耽搁不得，而且正确判断是哪种毒蛇咬伤的至关重要，因为医院要根据蛇的种类给予相应的抗蛇毒血清。于是我马上翻看照片，一眼便认出“肇事”的是福建竹叶青。

我急匆匆地回拨电话：“是福建竹叶青，抗蝮蛇毒的常见血清就可以治疗，赶快送医院。”

一个小时后，得到消息，被咬伤的护林员已经去医院打了抗蝮蛇毒血清，并且情况稳定。

福建竹叶青是一种血循毒的毒蛇，咬伤后伤口非常疼，如刀割，会形成局部的肿胀，乃至水泡、血泡和溃疡。它的毒性和蝮蛇差不多，但是排毒量要比蝮蛇小很多，一般不会致人死亡。

保护区负责人打来电话，说还好这次咬人的是排毒量小的蛇，问题不大。我却提醒他，不能小瞧了这种蛇，在野外更是马虎不得。由于福建竹叶青是青色的蛇类，它如果盘踞在竹子上或者与它体色相近的树叶丛中，很难被发现，使得咬伤概率增加。而且福建竹叶青喜欢挂在半高的树枝间，刚好是人直立的高度，如果被咬到血管丰富的头部或者颈部，会使得全身血液毒循环加快，造成十分严重的后果。所以去野外最好戴草帽、渔夫帽等，穿高帮登山鞋，更要使用登山杖、树枝等工具“打草惊蛇”，保证在野外工作时的人员安全，人安全了，野生动物也就不会受到伤害了。我的一番话让保护区负责人认识到了护林员野外知识培训的重要性。

野外工作其实很危险，我们一旦与野生动物拉近了距离，互相之间的冲突就不可避免，我在为被咬伤的护林员担忧的同时，也在为被打死的福建竹叶青惋惜。

准备攻击的福建竹叶青

致命邂逅
——舟山眼镜蛇

剧毒的舟山眼镜蛇，相信大部分人都唯恐避之不及，万一遇见了，肯定是惊慌失措，拔腿就逃，但对于我这种“久经蛇场”的人，却渴望邂逅它，曾两次在野外碰到舟山眼镜蛇，我都是欣喜若狂，“迎蛇而上”。

其实在野外，很少能碰到舟山眼镜蛇。我曾专门去寻找它的踪迹，但四年间，也只见到两次。舟山眼镜蛇是日行性的蛇，即白天活动，而且视力极佳，一有风吹草动它就溜之大吉，被逼无奈时，它才会仰起身子，张开脖子，发出响亮的“呼－呼”声恫吓对手。巨大的体型、剧毒蛇类的鼎鼎大名让它横行野外。

第一次见到舟山眼镜蛇，是一个很偶然的机会。我熟识的一位摄影师经常去某自然保护区蹲守拍摄鸟类，有两次碰到了蛇。他把这个情况告诉了我，并向我详细描述了这种蛇的体型、颜色和行为。当我告诉他这是剧毒的舟山眼镜蛇时，他吓坏了，说幸亏没有去惊动晒太阳的它们。自此，他再也不敢去那个自然保护区拍摄了。而我却很兴奋，很快抽空去了这个保护区，如愿以偿地拍摄到了舟山眼镜蛇。只是这

笔者在拍摄舟山眼镜蛇（危险动作，切勿模仿）

条舟山眼镜蛇体型不是很大，不够威武雄壮。

第二次是三年后的秋季，很多两栖爬行动物要进入冬眠了，舟山眼镜蛇也不例外。我又一次去了这个自然保护区，幸运的是，我和同去的另一位蛇类专家遇到了一条体型巨大的舟山眼镜蛇。平时看见剧毒蛇都很淡定的我，在这条舟山眼镜蛇面前却非常紧张。我们是在一处乱石坟堆附近发现它的，看到我们后，它正准备逃走，我没给它这个机会，眼疾手快将它轻轻拿起放到了空旷的山地里。之后我绕到了它的面前，但我穿着的鲜红色衣服马上引起了它的激烈反应，它开始发出巨大的声响并竖起身子、张开脖子进行威胁。拍摄的过程自然不

舟山眼镜蛇

爬行的舟山眼镜蛇

需要多说了，最终我趴在地上以与它相同的视觉高度拍摄到了它的特写照片,真的非常满意。舟山眼镜蛇并不会像有些眼镜蛇一样喷射毒液，它嘴里“喷射”出的毒液，只是因为扑咬时随着呼气溅出去的，所以距离并不会很远，但是也非常危险，一旦距离靠得过近，毒液进入眼睛或者伤口，足以对人产生致命的危险，所以大家切勿模仿我的行为。

舟山眼镜蛇在蛇类中还拥有不少“粉丝”，这些粉丝喜欢模仿舟山眼镜蛇的行为，尤其是竖起脖子做出威胁的姿态以恫吓对手，如虎斑颈槽蛇、纹尾斜鳞蛇等，它们模仿得有声有色，还真能在不少场合吓退一些天敌。

舟山眼镜蛇是我国特有种，目前并不属于濒危物种，但因体型巨大，而且蛇毒珍贵，遭到人类的捕捉和伤害，野外数量正在不断下降。

2020 年 2 月，全国人大常委会审议通过了《关于全面禁止非法野生动物交易、革除滥食野生动物陋习、切实保障人民群众生命健康安全的决定》，这样的决定，相信舟山眼镜蛇也很开心。

舟山眼镜蛇特写

敬而远之
——尖吻蝮

“永州之野产异蛇，黑质而白章，触草木尽死；以啮人，无御之者。”柳宗元的《捕蛇者说》中描写毒蛇本是衬托赋税之苦，但是因为写得太神奇，以至于当时我读到这篇课文时，就在想这种异蛇到底是什么蛇，真的有这么神奇吗？课后我去查了很多资料，才知道这种蛇叫尖吻蝮，俗称五步蛇、蕲（qí）蛇。五步蛇之称是形容它毒性猛烈，被咬后走不出五步便毒发身亡了；蕲蛇之称是因其以前多见于湖北蕲春。

虽然当时课文中的这种蛇给我留下了深刻的印象，但一直没机会见到活体，动物园里也没看到过它的身影，直到我从事森林公安工作后，市民举报有人在街头违法贩卖五步蛇，我和同伴立即出警，我才有幸透过半透明袋子见到了这种“异蛇”。

尖吻蝮是蝰蛇科蝮亚科的一种剧毒蛇类，头大扁平且呈三角形，具有吻部，吻端向上呈尖形，俗称“翘鼻头”。身上背部两侧具有黑褐色和浅棕色组成的“V”形斑纹，腹部灰白色，鳞大并有黑色类圆形的斑点，尾部的末端有三角形深色的角质鳞片 1 枚，俗称“佛指甲”。

案件处理完后，我们驱车到人迹罕至的自然保护区内进行放生。

当时跟我们一起去的是一位具有高超捕蛇技巧的蛇类专家，当他准备用蛇钩将蛇钩出来的时候，蛇忽然从袋子口扑咬了出来，那速度和嘴里的大毒牙，我一辈子也忘不了。幸好专家眼疾手快，躲过了攻击，之后赶紧将它放在地面上，它才悠然离去。略显尴尬的专家向我解释道:“五步蛇性格凶猛，管状毒牙注毒量大，被它咬伤，是一件很可怕的事情，刚才的攻击，应该是蛇的颊窝感应到了热源体。”我暗自庆幸，还好不是我出手，要不肯定被咬到了。

第一次相遇让我见识了尖吻蝮的凶猛，第二次见到它却让我很悲伤。在一家饭店执法时，我见到了一条泡在酒里的尖吻蝮，里面还有人参、当归、枸杞、灵芝等各种大补的药材，这条尖吻蝮完全没有了之前的威风凛凛，静静地躺在酒精里，死不瞑目。

第三次见到尖吻蝮是我在野外进行拍摄时，它伪装得非常棒，盘起来躲在落叶堆里，如果没看见而一脚踩到它就很容易被咬伤。它的毒牙又长又大，一般的鞋子根本没办法防御，会直接被咬穿。它的毒液属于血循毒，被咬到的话，早期为活动性出血，迅速发展为局部水

尖吻蝮

尖吻蝮幼体

尖吻蝮幼体特写

尖吻蝮特写

泡和水肿，随后出现坏死、溃疡，若不及时注射抗蛇毒血清，会造成组织持续坏死，甚至会被截肢，严重的会导致死亡。我记得市里一位陈姓蛇类经营户，被尖吻蝮咬伤脚后只采取了土法救治，后来病情加重，被紧急送到上海的医院注射了抗蛇毒血清才得以保命，但仍在重症监护室住了将近一个月。有一次我和他碰面，发现他走路明显跛了，问他情况如何，他摇着头说以后再也不碰五步蛇了。

大自然需要敬畏，尖吻蝮更需要敬畏，如果在野外遇到尖吻蝮，还是敬而远之吧。

深藏不露
——白头蝰

白头蝰是一种在野外非常难以见到的蛇类，在我生活的绍兴，十年间才有五次在野外被发现的记录。

白头蝰，又名白头蛇，为蝰科白头蝰属的爬行动物，头部白色，有浅褐斑纹。躯、尾背面紫褐色，有 13+3 对左右镶细黑边的朱红色窄横纹，左右侧横纹在背中央相连或交错排列；腹部藕褐色，前段有少许棕褐色斑点。白头蝰主要分布于缅甸、越南以及中国的浙江、安徽、福建、江西、广西、四川、贵州、云南、西藏、陕西、湖北、甘肃等地，常见于海拔 1600 米以下的丘陵及山区。该物种的模式产地在缅甸。白头蝰喜欢单独生活，为夜行性蛇类，黄昏时分比较活跃。每年 12 月至翌年 2 月为其冬眠期，不过白头蝰不怕冷，2 月就会出来晒太阳。白头蝰以小型啮齿动物或食虫目动物为食，其中占较大比例的种类是食虫目的鼩鼱。白头蝰非常耐饿，半年不吃不喝仍能保持强健的体魄。不觅食的时候，会进入土洞，过着隐蔽的半地下生活。

白头蝰一年中只需进食几次就可以满足它的生存需要，且为夜行

白头蝰整体

性蛇类，又居住在地下，所以在野外想要遇到它确实非常难。

白头蝰是蛇类蝰科中的原始类群，在研究管牙类毒蛇的起因与演化上占有重要的位置。它在野外的数量，因为难以见到无法估计。其实，白头蝰深藏不露，对它和人类，未尝不是一件好事！

白头蝰吐信子特写

爬行的土棍子
——东方沙蟒

初夏是新疆拍摄野生鸟类的好季节，2017 年的 5 月，我参加了新疆的观鸟团，在观察期间，很幸运地认识了阿瑞。

阿瑞一直在新疆各地调查拍摄各种野生动物，所以对新疆野生动物很是了解，尤其是对石河子地区的野生动物，简直了如指掌。拍鸟间隙，我和他聊起了两栖爬行动物，才知他也很喜欢两栖爬行动物，缘分啊！

我们行程的最后一站是石河子地区的白鸟湖，本来是去拍摄那边的“高光”（指少见、罕见）鸟种白头硬尾鸭的，但是我向阿瑞打听两栖爬行动物时,他告诉我那边有一种蟒蛇,叫东方沙蟒。我简直懵了，这样荒凉的地方居然有蟒蛇？！在我的印象中，蟒蛇一般生活在热带或者亚热带潮湿的环境中，如热带雨林里，缅甸蟒、网纹蟒等体型巨大的蟒蛇盘绕在树枝上吐着信子或者慵懒地睡着午觉。

不过既然名字叫东方沙蟒，肯定习惯这种荒凉的沙土环境了，于是我兴趣大增，鸟都不拍了，要去拍这个蟒蛇。阿瑞却和我说，这可不一定拍得到，得看运气。

运气是给有坚定信念的人的，我在心中默默祈祷“能遇见东方沙蟒”无数遍后，在晚上 8 点左右（新疆落日晚，8 点天还很亮）终于见到了东方沙蟒，多亏阿瑞熟悉地形，加上运气加持，得偿所愿啊！

这种东方沙蟒跟我想象中的完全不一样，远看的话，这不就是根土棍子嘛，两头差不多大小，中间粗点。我胆战心惊地趴下准备拍摄它，阿瑞笑着对我说，这蛇还是比较温顺的，不会主动攻击人，我这才放心大胆地拍摄它吐信子的特写照片，还用广角镜头靠近，拍了生境版照片。当然我们拍完照片，还跟在它身后，目送它爬回了自己的洞穴。

东方沙蟒是一种怎样的蟒蛇呢？在查阅了很多资料，并请教了阿瑞后，我对它有了一些了解。东方沙蟒是分布于温带荒漠干旱地区的代表类群，是营穴居且卵胎生的小型蟒类，当然这个小型是针对蟒科来说的，在整个蛇类中，它仍算得上是大型。它秉承了蟒科蛇类无毒的特点，而且算是保持比较原始特征的一种蛇类。最有特点的是它的眼小，瞳孔直立；尾巴很短，几乎和头部一样，难辨真伪，所以被新疆人叫作“土棍子”。它在甘肃也有分布，被当地人称为“两头齐”。这种蟒蛇，雌性成体最大可达 1.2 米，雄性就小得多，一般不超过 0.75 米。这同动辄 5~7 米的网纹蟒、缅甸蟒比起来，真是小巫见大巫了。

东方沙蟒喜欢栖息在沙漠及干燥地区，夜行性居多，但是也能在

东方沙蟒整体照

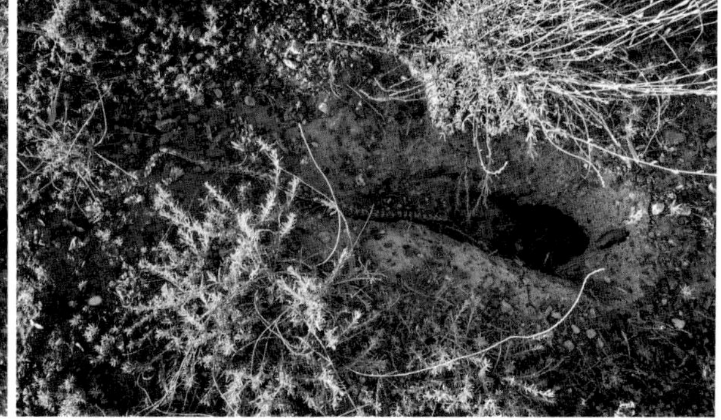

准备回洞穴的东方沙蟒

白天看到它的身影，它还有一个特点就是能够潜藏在沙子里，并能够在沙下自由地行动，这就使得它成为伏击型的猎手，潜伏在沙子里等猎物自动上钩。东方沙蟒的食性相当广，鼠类、蜥蜴、禽类等都是它的食物。

我问阿瑞，这种蟒蛇多不多？出乎我的意料，阿瑞说这种蛇的数量其实并不少，只是平时很难被发现，而且它主要是夜行性的，因此东方沙蟒对很多当地人来说还是比较神秘的，更不用说我这个外地人了。

前些年一些爬宠玩家掀起过养东方沙蟒的热潮，导致很多人为了利益去野外猎捕东方沙蟒。令人高兴的是，2021 年 2 月，新调整的《国家重点保护野生动物名录》公布，东方沙蟒被列为国家二级重点保护野生动物。这将对东方沙蟒野外种群产生深远的影响，要知道，非法捕杀受国家重点保护的野生动物，将受到法律制裁。

东方沙蟒的生存环境

东方沙蟒吐信子

图书在版编目（CIP）数据

探秘两栖爬行动物 / 赵锷著 . —北京：中国林业出版社，2022.11
ISBN 978-7-5219-1766-6

Ⅰ. ①探… Ⅱ. ①赵… Ⅲ. ①两栖动物—普及读物②爬行纲—普及读物 Ⅳ. ①Q959.5-49②Q959.6-49

中国版本图书馆 CIP 数据核字（2022）第 123205 号

选题策划 刘香瑞
责任编辑 刘香瑞 许 凯
出版发行 中国林业出版社（100009 北京西城区刘海胡同 7 号）
网址 http://www.forestry.gov.cn/lycb.html
E-mail 36132881@qq.com 电话 010-83143545
印 刷 北京雅昌艺术印刷有限公司
版 次 2022 年 11 月第 1 版
印 次 2022 年 11 月第 1 次
开 本 710 mm × 1000 mm 1/16
印 张 13.5
字 数 168 千字
定 价 68.00 元